한국의 꽃게 통발어업과 협동관리

김용수
근해통발수산업협동조합 조합장

박정석
목포대학교 인문대학 문화인류학과 부교수

한국의 꽃게 통발어업과 협동관리

초판1쇄 발행 | 2010년 5월 31일

지은이 김용수 · 박정석

총괄 홍종화
편집 오경희 · 조정화 · 오성현 · 신나래
관리 박정대 · 이승근
디자인 정춘경 · 강계영

펴낸곳 민속원 출판등록 제18-1호
주소 서울 마포구 대흥동 337-25 전화 02) 804-3320, 805-3320, 806-3320(代) 팩스 02) 802-3346
이메일 minsok1@chollian.net 홈페이지 www.minsokwon.com

ISBN 978-89-5638-951-6 93380

한국의 꽃게 통발어업과 협동관리

| 김용수 · 박정석 |

민속원

책머리에

한 · 중 어업협정 이후 한국의 근해어업, 특히 꽃게 통발어업은 엄청난 변화에 직면하고 있다. 오랜 협상과 논의를 거쳐 2001년에 발효된 한 · 중 어업협정은 한국의 어업관리를 근본적으로 변화시켰다. 한 · 중 어업협정은 기본적으로 종전의 불법조업을 방지하고 서해의 어족자원 고갈 문제를 해소하려는 것이었다. 한 · 중 어업협정이 체결되면서 한국과 중국 사이에도 국제해양법 체계에 따른 새로운 어로질서가 확립되었다.

한 · 중 어업협정은 잠정조치수역과 과도수역의 설정, 구조 및 긴급피난 시 상호협조, 어업공동위원회 설치 등을 주요 내용으로 하고 있다. 하지만 한 · 중 어업협정 체결은 국내어업에 긍정적인 영향과 함께 부정적인 영향을 동시에 가져다주었다. 한국은 황금어장으로 불리는 양쯔강 수역에서 조업이 금지됨에 따라 조업구역이 크게 줄어들었다. 특히 주로 양쯔강 인근 해역에서 조업하고 있었던 꽃게 통발어업은 조업구역을 상실하면서 피해가 아주 많았다. 반면, 한국 측 연근해에서 중국어선의 조업이 제한되면서 해양자원의 남획을 방지하고 어로질서를 확립할 수 있게 되었다.

국제적으로 아주 복잡하게 변화하는 어업 환경과 규제 속에서 어업인과 어업단체들이 적응하는 방식은 아주 다양하게 전개된다. 이들의 적응방식과 전략은 가용자원의 정도, 어로기술, 어업규제, 사회문화적 배경, 직업의식, 시장, 다른 동료 어업인 및 어업단체들과의 관계 등에 따라 달라진다. 어업인 혹은 어업인 단체들이 해양자원과 관련된 정책을 두고 정부 및 관계기관과 얼마만큼 정치적으로 투쟁하는가 하는 문제도 중요한 변수로 작용한다.

꽃게 통발어업이 처한 현재의 상황을 이해하기 위해서는 국제 어업협정과 어선감척이라는 이전에는 없었던 새로운 어업환경에 직면한 어업인들이 어떤 방식으로 적응하고 있는지 혹은 적응하지 못하고 있는지를 살펴보고 그 원인을 분석해야 한다. 그러나 기존의 연구들은 주로 정책적 차원 및 꽃게라는 생물자원에 대한 연구에 한정되어 있다. 그 결과 어업협정으로 인해 직접적으로 영향을 받고 있을 뿐 아니라 꽃게 포획을 주업으로 하고 있는 어업주체들에 대한 연구가 거의 이루어지지 않고 있다.

한·중 어업협정 이후 국내의 어로환경 및 어업정책의 변화는 기존의 어로방식과 어업경영에 많은 영향을 미치고 있다. 특히, 중국 측 어장에서 조업을 하던 꽃게 통발업계는 어장규모의 축소는 물론 어선감척을 포함한 여러 형태의 어업규제에 노출되어 있다. 내부적으로는 감척된 어선 수만큼 일자리가 줄어든 선장 및 선원들이 극심한 경쟁과 어로수입의 감소를 경험하고 있다. 이런 현상을 제대로 파악하기 위해서는 어업관리와 관련된 꽃게 통발 어업주체들의 적응전략 및 대응양상에 대한 심층적인 사례조사가 필요하다. 아울러 꽃게 통발어선의 선장들과 선원들을 포함한 어업주체들의 사회경제적 연망과 인간관계가 제대로 분석되어야 할 것이다.

급변하는 국내외 해양질서 속에서 생존하려면 어업 역시 변화와 적응이 중요한 과제로 설정되어야 한다. 하지만 관련 수산단체와 어업인들은 뚜렷한 대응책을 마련하지 못하고 있다. 현재 어업분야가 당면하고 있는 문제의 심각성은 여러 요인들이 아주 복잡하게 연관되어 있다는 것이다. 이런 상황은 첫째, 직업으로서의 상업적 어업의 성격이 변화하고 있다는 사실과 결부되어 있다. 즉, 과거 전통적 형태의 어업과는 사회적으로, 그리고 경제적으로 확연하게 다른 형태의 상업적 어업 혹은 기업형 어업이 이미 자리를 잡아가고 있다는 것이다. 둘째, 여러 규제조항과 관리지침으로 묶여 있는 어업주체들이 한정된 자원과 축소된 어장 사용을 두고 점차 치열한 경쟁을 하고 있다는 것이다. 어업인들은 한정된 어장에서 생존을 위해 보다 많은 어획량을 생산하려 경쟁하고 있을 뿐 아니라, 사회경제적인 위험을 무릅쓰고 무리한 어로작업에 나서고 있다. 또한 어업관리 체계가 점점 복잡해지고 자주 바뀜에 따라 부가적인 비용이 증가하고 있다.

어업은 작업의 위험도와 수익의 불확정성으로 인해 임금과 보수체계, 분배 방식 등이 육상의 직업군과는 확연히 구별된다. 이런 차이점들로 인해 인간관계와 사회경제적 조직구성 등이 육상의 다른 업종과는 달리 나타난다. 어업생산은 예측불가능하고 산발적이다. 어업생산은 계절에 따라, 시기에 따라 어황의 부침이 심하다. 들쭉날쭉한 어업생산과 수익으로 인해 많은 어업인 혹은 선주들은 육상의 중매인이나 금융기관에 빚을 지고 있다. 한마디로 어업은 고위험 직업군에 속하며 직업이동이 적고 수입의 규모 또한 일정치 않다는 특징이 있다. 그래서 어업인들의 가족들은 대개 사회경제적으로 불안정한 삶을 영위하고 있다.

어업인은 같은 어종을 잡는 어업인 혹은 다른 어종을 잡은 어업인과 서로 경쟁관계에 있다. 또한 어업인들은 육상의 다른 직종에 종사하는 사람들은 물론 간혹 어업관련 전문가로부터 천시당하기도 한다. 이와 같은 현실은 겉으로 드러난 것이지만 보다 심각한 문제는 겉으로 드러나지 않는 데서 도사리고 있다. 바로 어업에 대한 불확실한 전망이다. 소위 어업전문가는 물론 어업인들조차 어업의 미래에 대해 부정적인 견해를 드러내고 있다. 이런 부정적인 견해와 전망이 확산된 이면에는 기존의 어업관리가 어업인이 아니라 자원에 대한 관리에 치중되었던 탓도 있다.

이주 중요하지만 그동안 간과되어 왔던 또 다른 문제는 근대화로 인한 자원남획이다. 어업의 근대화는 국내 자본축적은 물론 국가의 고도성장을 이끌어 온 중요한 동인이었다. 하지만 어업의 근대화는 이전에는 볼 수 없었던 자원고갈이라는 부정적인 결과를 불러왔다. 즉, 어업분야에서 급격한 생산량 증가는 해양 자원고갈과 환경오염이라는 심각한 위기를 초래하였다. 또한 어업의 근대화는 어부들의 작업시간 증가, 고용기회 감소, 심각한 경제적 부침, 중요 생물자원의 고갈, 전통적인 생계양식 붕괴, 이전까지 안정적이고 중심적이었던 생활양식의 주변화, 그리고 조화롭게 이루어졌던 사회생활의 파괴를 불러왔다.

새로운 어로기술의 도입으로 인해 이전부터 행해져 왔던 협동적인 조업방식이 더 이상 불필요한 방식으로 전락된 경우도 있다. 친밀한 인간관계를 바탕으로 선원을 충원하던 이전의 방식이 점차 사라지면서 이제는 직업소개소와 같은 제도적인 기관을 통하여 선원을 구하고 있다. 즉, 친밀한 관계를 바탕으로 하던 전통적인 선원충원 방식에서 오늘날에는 보다 개인적이고 경쟁적인 양식으로 변화하고 있는 것이다. 또한 외국인 선원 도입이라는 예전에는 없었던 새로운 고용형태가 발생하고 있다.

요컨대, 한·중 어업협정 이후 꽃게 통발어업을 비롯한 한국의 근해어업은 변혁의 기로에 서 있다. 국제 해양질서가 변화함에 따라 국내의 어업관리 체제는 새로운 형태로 전환되고 있다. 또한 어업의 근대화로 인해 어업인들의 사회경제적 역할과 기능이 이전과는 다른 형태로 바뀌고 있다. 국제적인 어업환경 변화에 적응하기 위해서는 무엇보다도 먼저 정부와 어업인 단체들이 현재 어업인들이 직면하고 있는 이와 같은 상황을 제대로 살펴보고 분석하여 그 결과를 어업관리 및 어업정책에 충분히 반영해야 할 것이다. 궁극적으로 어업관리의 중심은 자원이 아니라 그것을 이용하는 인간이어야 한다.

이 책은 모두 네 부분으로 구성되어 있다. 제1부는 꽃게 통발어업과 관련된 어업허가, 금어기, 그물코 크기, 어구개수와 관련된 어업규제 정책, 그리고 정부의 감척사업이 어업현장에서 어떻게 시행되고 있는지를 분석하고 있다. 제1부에서는 구체적으로 정부주도의 어업관리 정책의 문제점과 함께 대안으로 협동관리 방안을 제시하고 있다.

제2부는 한・중 어업협정 이후 꽃게 통발업계에서 한편으로는 자원조성과 새로운 어장을 개척하면서, 다른 한편으로는 설비를 자동화하고 새로운 어구를 개발하여 내부적으로 대응책을 마련하고 있음을 분석하고 있다. 아울러 단순히 꽃게를 잡는 것에서 그치는 것이 아니라 시장의 수요와 기호에 적합하게끔 꽃게의 규격을 표준화하고 제품을 차별화하고 있음을 보여준다. 제2부에서는 이런 일련의 대응 방안이 어업인과 어업인 단체들의 협동관리에서 비롯되고 있음을 강조하고 있다.

마지막으로 제3부와 제4부는 꽃게 통발어업을 사회문화적으로 분석한 두 편의 연구논문으로 구성되어 있다. 제3부는 한・중 어업협정 이후 어장공유와 어업규제가 어떻게 전개되고 있는지를 꽃게 통발어업의 사례를 중심으로 고찰하고 있다. 제4부는 어업현장에서 선장이 어로성공을 이끄는 데 어떤 역할을 하는지, 그리고 과연 '일류선장'은 어떤 사람들인지를 꽃게 통발어선 선장들의 인터뷰를 통하여 분석하고 있다. 제3부와 제4부는 꽃게 통발어업에 대한 자연과학적인 접근 못지않게 사회문화적인 분석이 필요함을 보여준다.

이 책의 제1부와 제2부는 김용수가, 제3부와 제4부는 박정석이 집필하였다. 전체적인 편집은 박정석이 담당하였다. 제1부는 김용수의 수산경영학 석사학위 논문 「근해 꽃게 통발어업의 협동관리 방안에 관한 연구」(2010)를 바탕으로 하고 있다. 제3부와 제4부는 학술지에 이미 발표되었던 박정석의 논문 「어장공유와 어업규제 : 꽃게 통발어업을 중심으로」(2008) 및 「어로성공 혹은 '선장효과'에 대한 선장들의 담론 : 꽃게 통발어업의 사례를 중심으로」(2009)를 수정・보완한 것이다. 이 책에서 인용하고 있는 자료 대부분은 2008년도를 기준으로 하고 있다. 따라서 여기에서 분석된 내용은 2008년 이후의 상황과는 약간 다를 수도 있다.

하나의 책이 만들어지기까지는 많은 분들의 도움이 필요하다. 일일이 이름을 표기하지는 않았지만 연구에 도움을 주신 꽃게 통발어업의 선주, 선장, 선원들을 비롯하여 근해통발수협의 관계자 여러분들에게 이 책으로 고마운 마음을 대신한다. 또한 바쁜 일정 중에도 기꺼이 인터뷰에 응해주신 분들과 글쓰기 작업이 힘들 때마다 여러 방식으로 격려를 해주신 분들에게 감사드린다. 그리고 깔끔하지 못한 원고를 정성들여 편집해서 훌륭한 책으로 만들어 준 출판사 〈민속원〉에게도 감사드린다.

끝으로, 급변하고 있는 어업환경 속에서 여러모로 어려움에 직면한 꽃게 통발어업 나아가 한국의 근해어업을 이해하는데 이 책이 조그만 도움이 되었으면 한다. 이 책을 계기로 많은 어업인들이 자신들이 종사하고 있는 어업 환경과 현실에 보다 적극적인 관심을 보였으면 한다. 여기에서 한 걸음 더 나아가 어업관리의 진정한 대안은 바깥에서 주어지는 것이 아니라 어업인과 어업인 단체가 내부에서 항상 스스로 찾아야 한다는 점을 상기할 필요가 있다.

2010년 5월

차례

제 1 부

꽃게 통발어업과 협동관리

1. 한·중 어업협정과 어업관리

한국의 근해어업은 한·일 어업협정 및 한·중 어업협정 체결 이후 엄청난 변화에 직면하고 있다.[1] 특히 우리나라의 서해 및 동중국해를 주요 조업구역으로 하고 있는 근해 꽃게 통발어업(이하 꽃게 통발어업)은 한·중 어업협정으로 인해 직접적으로 영향을 받았다. 2001년 한·중 어업협정의 발효 이후 과도수역過渡水域[2]이 EEZ에 편입되면서 꽃게어장이 대폭 축소되었다. 어장축소로 인해 어선세력과 어획량이 급격하게 줄었고, 이시기에 우리나라 연근해어업의 갑각류 생산량도 대폭 감소되었다. 그 결과 꽃게 통발업계의 많은 어업 경영자들이 파산하거나 경제적으로 어려움을 겪게 되었다.

정부는 이에 대한 대책의 일환으로 2007년부터 근해어선 감척사업을 재개하였다. 정부의 어업관리 정책에 따라 꽃게 통발업계에 종사하던

1 한·일 어업협정과 한·중 어업협정은 1982년 유엔해양법협약이 채택되면서 국제어업 환경과 질서가 변화함에 따라 촉발되었다.

2 한·중 양국 간에 의견이 접근되지 않은 수역을 과도수역으로 설정하고 발효 후 4년이 경과한 이후에는 EEZ로 편입되는 한시적인 공동어업 가능수역이다.

많은 사업자가 감척을 하면서 꽃게 통발어선의 세력은 더욱 축소되었다. 결국 꽃게 통발어선의 여러 선주들이 사업을 중단하여 수많은 선원들이 업계를 떠났고, 선구점, 철공소, 조선소 등 통발어업과 관련된 산업들도 붕괴 위기에 직면하게 되었다.

국내외적으로 해양환경과 해양질서가 변화함에 따라 정부가 주도하는 기존의 상명하달(top-down) 혹은 명령통제(command & control) 방식으로는 더 이상 어업관리를 적절하게 수행할 수 없게 되었다.[3] 이것은 정부의 관행적인 어업관리 방식에 대하여 정부와 지역사회 및 어업인들의 어업환경에 관한 인식의 차이가 클 뿐 아니라 정부주도의 어업관리에 대한 신뢰성이 상실되었기 때문이다. 어업관리는 해양생물학적인 문제를 포함하여 정치적, 사회적, 제도적인 문제는 물론 이들과 결부되어 있는 여러 문제점들이 다각도에서 조명되어야 한다.

정부주도의 어업관리 체계를 보완하는 동시에 내외부적으로 복잡하게 변화하고 있는 현대의 어업구조를 적절하게 관리하기 위한 대안으로 협동관리(co-management)가 제시되고 있다. 협동관리를 일부 연구자들은 어업인들이 배제된 채 운용되고 있는 정부주도의 어업관리의 단점을 보완하는 방안으로 제시하고 있으며, 다른 연구자들은 지역사회 수준에서 혹은 정부와 어업인들 사이에서 이미 비공식적으로 이루어지고 있던 관행을 공식화하는 방안으로 인지하고 있다.[4] 이런 흐름 속에서 우리나라에서도 정부주도의 기존 어업관리에 대한 단점을 보완하고 어업관리의 효율을 높이는 방안으로 협동관리를 여러 측면에서 검토하고 있다.[5]

3 류정곤 외, 『우리나라의 어업협동관리에 관한 연구』 I (한국해양수산개발원, 2008), 1쪽.

4 Jentoft, Svein, "Co-Management : The Way Forward", in Douglas Clyde Wilson, Jesper Raakjaer Nielsen and Poul Degnbol(eds.), *The Fisheries Co-management Experience*, Dordrecht : Kluwer Academic Publishers, 2003, p. 2.

5 이상고 · 류정곤, 「한국형 TAC제도의 협동관리적 할당량관리체계(QMS)에 관한 연구」, 『수산경영론집』 32(1)(한국수산경영학회, 2001), 99~123쪽; Jeong-Yoon Choe · Yongtong Mu, "Towards a Model of Property Rights-Based Fisheries Co-Management", 『수산해양교육연구』 13(2)(한국수산해양교육학회, 2001), 212~235쪽; 류정곤 외, 앞의 논문(2008).

우리나라의 기존 어업관리 제도나 정책은 비효율적이라고 평가받고 있다. 한·중 어업협정 이후 새롭게 개편된 해양질서 속에서 꽃게 통발어업의 생존과 지속적인 발전을 위해서는 정부와 어업인이 함께 참여하는 효율적인 어업관리가 필요하다. 그럼에도 불구하고 실제 어업현장을 분석하여 이를 바탕으로 한 실천적인 방안을 제시한 사례연구는 찾아보기 힘들다. 이런 연구경향을 탈피하여 여기에서는 한·중 어업협정으로 인해 주 어장을 상실한 꽃게 통발어업의 실태 및 우리나라를 포함한 주요국의 어업관리 제도를 살펴보고자 한다. 아울러 정부가 주도하고 있는 어업관리 정책의 문제점을 파악하여 정부와 어업인이 함께 어업관리에 참여할 수 있는 방안을 모색하고자 한다.

제1부에서는 꽃게 통발어업을 대상으로 어업활동과 자원관리에서 중요한 위치를 차지하고 있는 어업허가, 금어기, 그물코 크기, 어구개수 등과 관련된 어업규제와 정부의 감척사업이 어업현장에서 어떻게 시행되고 있는지를 분석하고 있다. 여기에서 도출된 문제점을 해결하기 위해서는 정부주도의 어업관리 정책의 한계와 비효율성이 개선되고 보완되어야 한다. 결국 정부주도의 어업관리를 보완하거나 대체하기 위해서는 정부와 어업인 단체, 연구소, 관련단체 등이 책임과 권한을 공유하고 공동으로 어업정책의 결정과 시행에 참여하는 협동관리가 이루어져야 한다는 것이다.

2. 협동관리의 이론적 배경

1) 어업관리의 의의

어업관리는 기본적으로 어업자원을 재생 가능한 상태로 유지하면서, 자원을 지속가능한 방식으로 사용하는 것을 그 목적으로 한다. 여기서 어업자원이란 수산자원 중에서 어업에 이용할 수 있는 생물집단을 의미한다. 어업자원은 자원 그 자체가 성장하고 번식하여 재생산할 수 있다는 점에서 자율적으로 갱신 가능한 자원이며, 지구상에 존재하는 여타 자원과는 다른 특성을 지니고 있다.[6]

어류는 방대한 해양에서 서식하고 회유하여 완전한 통제가 불가능하여 인간이 배타적으로 점유할 수 없다. 어업자원은 누구나 이용할 수 있는 자원(open access resource) 혹은 주인이 없는 자원으로 간주되면서,[7] 소위 '공유재산의 비극(tragedy of the commons)'을 초래할 수 있다[8]는 우려로 이어진다. 즉, 어장에 들어가는 권리가 개방되면 곧바로 어장이 남획되어 파멸로 이어질 수밖에 없다는 것이다. 이런 입장은 남획을 방지하기 위한 최선의 방책으로 국가주도형 어업관리를 채택하게 만들었다.

어업관리의 기본적 개념은 이와 같은 자유어업의 문제점을 정부의 제도적 개입으로 치유하고자 하는 것이지만 어업자원의 생물학적 특성 등으로 인해 그 정의가 간단하지 않다. FAO[9]의 책임어업 항목에서 내린 어업관리의 정의는 "어업자원의 지속적인 생산성과 기타 어업목적을 달성하기 위한 어업활동을 관리하는 규제나 규칙, 필요에 의한 제재, 자원의 배분과 공식화의 시행, 의사결정, 계획, 자문, 정보수집 등에 대한 통합적 이행과정의 제도적 총칙"이다.

따라서 어업관리란 어획량의 제한, 어선수의 제한, 어구의 제한, 어장 및 어기의 제한, 어업권의 설정, 어업세의 징수, 종묘의 방류 등과 같이 직접 어업자원 보존에 도움이 되는 행위의 총칭으로 이해된다.[10] 즉, 어업관리는 어업자원을 보호·육성하여 어업을 지속적인 산업으로 유지시

6 장창익·이상고, 『어업관리학』(세종출판사, 2002), 12쪽.
7 유동운, 『현대수산경제론』(태화출판사, 2002), 22~23쪽.
8 Hardin, Garrett, "The Tragedy of the Commons", *Science* 162, 1968, p.1244.
9 FAO, 즉 국제식량농업기구(Food and Agriculture Organization)는 제2차 세계대전 말기에 전쟁 피해국의 기아와 영양문제를 해결하기 위해 설립되었다.
10 장창익·이상고, 앞의 책(2002), 30쪽.

키는 것을 말한다. 이것은 어업관리가 어업자원의 직접적인 관리뿐만 아니라 사회·경제적 요인까지도 고려해야 한다는 것을 의미한다.

2) 어업관리의 유형

어업관리란 어업자원의 보존, 합리적 이용 및 어업자 간의 이해 조정을 목적으로 한다. 어업관리는 다시 어업활동을 제한하는 규제수단과 어업활동을 조장하는 조장수단으로 분류될 수 있다. 규제수단은 어획량이나 어획노력량을 규제하는 방식이며, 조장수단으로는 자원조성사업, 보조금지급, 조세감면 및 금융지원 등이 있다. 그러나 일반적으로 어업관리에서 발생되는 문제는 대부분 과도한 개발과 이용에서 비롯되기 때문에 어업관리라는 것은 통상 규제수단을 말한다.[11]

어업관리에서 어업행위를 직접적으로 규제하는 수단은 보편적으로 기술적 수단, 어획노력량 관리수단, 어획량 관리수단으로 분류된다. 기술적 관리수단은 체장, 성별, 어기, 어장을 제한하는 방법이다. 어획노력량 관리수단은 허가건수, 어구개수 및 어선톤수 등을 제한하는 방식으로 우리나라를 비롯한 아시아 국가들이 많이 사용하고 있는 전통적인 어업관리 제도이다. 어획량 관리수단으로는 총허용어획량, 개별할당, 개별양도성할당 등이 있다. 어획량 규제제도는 통상 TAC(Total Allowable Quotas) 제도로 일컬어지며, 미국을 비롯한 서구에서 주로 사용하는 방식이다.[12]

우리나라를 비롯하여 중국과 일본은 기본적인 어업관리 수단으로 어획노력량 규제인 허가제도를 실시하고 있다. 일본의 경우에는 자국수역 내의 자원관리를 강화하기 위해 TAC 제도 및 자원회복 계획 등을 일부 어종에 한정하여 시행하고 있다. 자원회복 계획은 어획노력량의 감축으

11 김우수, 『수산경영학』(구덕출판사, 1998), 196쪽.
12 장창익·이상고, 앞의 책(2002), 147~150쪽.

로 감선, 휴어, 어구개량, 소형어류 어획규제를 하고 있으며, 종묘방류 및 어장청소 등과 같이 환경보전을 위해서도 노력하고 있다. 감척은 잔존 어업자가 감척비용을 부담하는 자주감척제도를 시행하고 있다.

중국에서는 1986년 '중국인민공화국어업법'이 제정된 것을 계기로 수십 년간 고수해 온 잡는 어업 위주의 어업관리 정책을 양식어업 위주의 생산방침으로 변경하여 이를 관리원칙으로 확립하여 어획허가제도 등을 시행하고 있다. 어획능력을 억제하기 위하여 저어자원에서 부어자원으로 어장을 확대하고 있다. 또한 신규허가를 억제하고 하계휴어기를 확대 실시하고 있을 뿐 아니라, 어업법을 개정하여 TAC를 제도화하고 최근에는 어업구조 조정을 실시하고 있다.[13] 이와 같이 일본과 중국의 어업관리는 어획노력 규제수단에서 어획량관리 수단을 보완적으로 이용하고 있다고 할 수 있다.

한편, 미국은 1976년 이후부터 매그너슨-스티븐슨 어업보존관리법을 어업관리의 기본으로 하고 있다. 그리고 1990년 이후 미국은 일부 어종을 대상으로 ITQ(Individual Transferable Quotas) 제도를 도입하여 시행하고 있다. 아이슬란드, 뉴질랜드, 노르웨이 등에서도 어업관리제도가 ITQ 제도로 바뀌고 있다.[14]

우리나라의 어업관리를 규정하는 수산관계법 체계는 수산업법을 모법으로 하고 있다. 대통령령으로는 수산업법시행령과 수산자원보호령이 있고, 장관령으로는 어업허가 및 신고에 관한 규칙이 있다. 수산업법시행령에서는 8톤 이상 동력선으로 통발어구를 사용하는 어선을 근해통발어업허가 대상 어업으로 규정하고 있다. 수산자원보호령으로 망목, 어구규모, 금어기, 체장, 어종, 허가정수, 총허용어획량을 제한하고 있다. 어업허가 및 신고에 관한 규칙에는 어업의 명칭과 어선규모가 규정되어

13 정명생 외, 「한중일 공동어업관리 방안 연구」(한국해양개발원, 2005), 29~30쪽.
14 류정곤 외, 「우리나라 ITQ 제도 시행을 위한 기반조성 연구」(한국해양수산개발원, 2004), 20~80쪽.

있다.

하지만 우리나라의 전통적인 어업관리제도라 할 수 있는 허가제도는 여러 가지 문제점이 있다. 어업활동에 대해 많은 규제가 실시되었지만 어업자원은 지속적으로 감소하였다. 감척과 신규허가 동결 등의 규제로 명목적인 어획노력량은 줄었지만 어구개수, 기관마력 등의 어획 능력이 발전하여 실질 어획노력량은 증가하였다. 이처럼 우리나라 어업관리는 규제만을 위한 제도가 되면서 어업경영의 경제성은 간과되었다. 지나친 어업규제로 인해 어업경영이 더욱 어려워지면서 어업관리도 제대로 이루어지지 않게 되었다. 이러한 문제점을 보완하기 위하여 특정 업종에 대하여 어획량을 규제하는 총어획할당량(TAC) 제도가 도입되어 시행되고 있다.

TAC 제도는 개별어종에 대한 연간 총 어획량을 정하여 그 한도 내에서만 어획을 허용하는 어업자원 관리제도로서 어획량을 규제하는 출구규제제도이다. 1994년 유엔해양법에서 배타적 경제수역 제도를 도입하는 국가는 의무적으로 TAC 어업관리를 채택하도록 하면서 우리나라도 1996년 '수산자원보호령'의 개정과 1998년 '총허용어획량의 관리에 관한 규칙'이 제정되어 TAC 제도가 시행되었다.[15]

정부는 TAC 제도를 감시하기 위하여 감독체계를 구축하여 시행하고 있지만, 제도적 참여의 한정, 경제적 참여의 제한, 어업인 단체의 자율에 의존, 불완전한 옵저브 체계 등 여러 가지 문제점이 도출되고 있다. 즉, TAC 제도가 아직까지 완전히 정착되지 못했다고 할 수 있다.[16] 이와 같은 TAC 제도의 문제점을 보완하고자 최근 정부기관과 학자들이 주축이 되어 TAC 제도를 근간으로 하는 개별양도성할당(ITQ) 제도에 대한 연구를 진행하고 있다. 정부주도의 어업관리 제도가 현실적으로 실효성

15 1999년부터 2000년까지 고등어, 전갱이, 정어리, 붉은대게 등 4개 어종 2개 업종을 대상으로 시범실시하고, 2002년 제주도의 소라, 개조개, 키조개, 대게 등으로 어종과 업종을 확대하여 실시하고 있다.

16 해양수산부, 「효율적인 어업자원관리를 위한 감시·감독체계 구축 및 옵저버 제도 운영방안에 관한 연구」(한국수산회·한국해양수산개발원, 2002), 123~124쪽.

이 떨어짐에 따라 새로운 자원관리 방안이 학계와 정부기관에서 논의되고 있다.

3) 협동관리의 의의와 도입배경

최근 해양·수산분야에서는 정부주도의 하향식 어업관리가 자원관리의 효율성을 떨어트린다는 지적과 함께, 자원관리에 이용자의 참여가 확대되고 있는 사례들을 보고하고 있다.[17] 예를 들면, 서구에서는 협동관리(co-management)가, 일본에서는 자원관리형어업이, 한국에서는 자율관리어업으로 일컬어지는 어업관리 형태가 주목을 받고 있다.[18]

여기에서 협동관리란 어업자원을 이용하는 사람들, 즉 어업인과 정부, 어업 관련종사자(선주, 상인, 조선업자 등), 그리고 기타 관련단체(비정부기구와 연구기관 등) 등이 책임과 권한을 함께 공유하는 상호 협력적인 어업관리로 정의된다.[19] 한마디로 협동관리는 어업관리에 어업인들의 적극적인 참여를 유도하는 제도 혹은 방안이라 할 수 있다.

어업에서 협동관리라는 개념이 주목받기 시작한 것은 그렇게 오래되지 않았지만, 실제로는 오랫동안 어업현장에서 다양한 차원에서 이루어지고 있었던 관행이었다. 협동관리가 정확히 어떤 것이라고 합의된 청사진이나 모델은 없지만, 여러 지역에서 상황에 따라 상이한 형태로 운용되어 왔다. 협동관리는 어업관리와 관련된 모든 문제를 해결할 수 있는 유일한 전략은 아니다. 그러나 그것은 시대에 따라 변화하는 상황에 적합하게끔 심사숙고하고, 적응하고, 조절하면서 자원을 관리해 나가는

17 이상고·류정곤, 앞의 논문(2001); 최성애·한규설, 『자주적 연안어장 관리주체에 관한 연구』(한국해양수산개발원, 2002); 류정곤 외, 앞의 논문(2004).

18 이용수, 『연근해어업의 시장 원리적 어업관리에 관한 연구』(부경대학교 박사학위논문, 2006), 51~62쪽.

19 Pomeroy, R. S. and R. Rivera-Guieb, *Fishery Co-Management : A Practical Handbook*, CABI Pub., 2006, p. 7~8.

과정이라고 할 수 있다. 이처럼 협동관리는 상황에 따라, 참여자에 따라 혹은 협동관리의 성공여부에 따라 적절하게 대응하고 적합한 형태로 변화하면서 적응해 나가는 것을 말한다.

이론적으로 협동관리는 협의와 협상을 통하여 참여자들이 어업관리와 관련된 서로의 역할과 책임 및 권한을 명확하게 설정한다는 것이다. 이런 까닭에 협동관리를 일컬어 참여관리, 결합관리, 공유관리, 다중관리 혹은 협조관리라고도 한다. 이처럼 협동관리는 어업인들의 참여와 '이해관계자'들의 관리가 연계되어 있는 개념이다.

협동관리는 그 형태가 다양할 뿐만 아니라 참여자들이 권한을 공유하는 정도, 그리고 지방자치단체와 중앙정부가 관여하는 수준이 아주 다양하다. 협동관리는 정부와 어업인들의 역할에 따라 대략 다섯 가지 형태로 분류된다.[20]

첫째는, 통보형으로 정부와 어업인들 사이에 최소한의 정보 공유만 있을 뿐이다. 정부주도형 어업관리와 다른 점은 대화가 있다는 정도이며, 정부가 어업인들에게 정보를 일방적으로 전달한다는 점에서 그 과정은 정부주도형 어업관리와 대동소이하다. 둘째는, 상담형으로 정부가 어업인들에게 상담을 해주지만 모든 결정은 정부가 한다. 셋째는, 협동형으로 정부와 어업인들이 동등한 자격으로 의사결정에 참여한다. 넷째는, 자문형으로 정부는 어업인들이 올바른 의사결정을 하도록 자문을 하고 어업인들의 의사결정을 수용한다. 다섯째는, 정보제공형으로 정부는 어업인들에게 의사결정권을 위임하고 어업인들은 정부에 의사결정 사항을 의무적으로 보고해야 한다. 그렇다고 해서 의무와 권위가 모든 차원에서 지역사회나 어업인들에게 귀속된다는 것은 아니다.

한국뿐 아니라 세계 여러 나라에서도 협동관리를 정부주도형 어업관

20 Pomeroy, R. S. and R. Rivera-Guieb, ibid., p. 8; 류정곤 외, 앞의 논문(2008), 21~22쪽.

리의 보완적 장치 혹은 어민주도형 어업관리의 한 형태로 도입하고 있다. 이를 간단히 살펴보면 다음과 같다.

(1) 일본

일본의 자원관리형 어업은 1983년에 일본 국회가 「자원관리형 어업의 확립에 관한 결의」를 채택하였다. 수산청이 그 뒷받침을 위해 예산조치를 취하고, 어협계통 단체가 자원관리형 어업으로의 이행을 계통운동의 목표로 채택하면서 시작되었다. 일본 수산청은 자원의 합리적인 이용과 더불어 안정된 어업을 지향하려는 목적에서 자원관리형 어업방식을 도입하였다. 자원관리형 어업방식은 과잉어획노력과 경쟁조업으로 인해 경영안정을 기대하기 어렵게 된 일본 어업계에 새로운 어업상을 실현할 수 있는 방안으로 간주되고 있다.[21] 일본의 협동관리는 어업협동조합을 중심으로 한 어업자들의 공동체가 자주적으로 어업자원을 관리하고, 정부가 제도적 · 재정적으로 지원하는 형태이다.

(2) 미국

미국의 '수산업보존 및 관리법'에는 주정부와 지역수산위원회가 기존의 중앙집권적이던 수산자원 관리를 협동으로 관리하도록 하는 분권화된 조항을 담고 있다. 주정부는 지역수산관리위원회에 수산자원 관리권의 일부를 위임하였다. 위원회의 위원은 해당 수역에 대하여 관할권이 있는 주정부의 주지사가 지명하고, 고도로 정치화된 과정을 통해 임명되며, 미상무성이 승인한다. 위원회를 통하여 정부와 어업인, 그리고 수산자원의 이해관계자들은 수산자원의 관리 및 보존을 위한 권한을 공유하게 된다. 지역수산관리위원회는 해당지역 내의 수산자원 보존 및 관

21 이용수, 앞의 논문(2006), 57~58쪽.

리를 위한 계획을 개발하고, 감독하며, 평가하는 데 중심적인 역할을 수행한다. 이와 같이 미국은 중앙정부의 관리권한의 일부를 지역정부와 관련단체에 위임하는 형태로 협동관리를 실시하고 있다.

(3) 노르웨이

노르웨이의 로프텐법은 협동관리의 성공적인 사례로 주목받고 있다. 노르웨이의 로프텐 지역은 북극해 대구로 유명한 곳으로 대구 성어기에는 전 지역의 조업자들이 이 지역으로 몰려들었다. 그러나 어선 규모와 어구어법이 각각 상이하여 각 지역에서 몰려든 조업자들은 상당한 문제를 일으켰다. 다양한 어구 간에 문제가 발생하게 되자 이를 규율하는 법안이 필요하게 되었다. 로프텐 지역의 어업협동관리는 1983년 7월에 제정된 'The Salt Water Act'에 의해 규정되었다.[22] 이 로프텐법은 수산업 이행을 위한 규칙을 규정하기보다는 어업인의 민주적인 자체조직 형성을 위한 원칙을 제시하였다. 또한 법제정의 목적은 어업인이 어업규범을 직접 결정할 수 있는 지위를 가질 수 있도록 하는 것이다. 이를 통하여 공적 감독기관과 어업별, 어구별 종사 어업인이 함께 모여 해당어업에 관한 규범을 만드는 데 참여하도록 하였다.

(4) 한국

우리나라에서도 협동관리의 한 형태라고 할 수 있는 공동체 자율관리어업을 시행하고 있다. 공동체 자율관리어업은 2001년부터 추진되었으며 시범실시에 이어 전면적으로 시행되었다. 2007년에는 자율관리 공동체가 579개소로 확대되었고 점차 전국적으로 확산되어 어업관리의 기본틀로 정착되었다. 정부는 자율관리어업을 '어업자원의 효율적인 보전 및

22 최성애 · 한규설, 앞의 논문(2002), 111~122쪽.

이용, 어업자들의 주인의식 고취 및 자립심 함양을 위하여 어업자들이 자율적으로 관리하는 것'으로 정의하고 있다. 우리나라의 자율관리어업은 어업자와 정부가 어업관리에 필요한 관리자원을 공동으로 부담하는 것으로 협동관리형 어업에 근접된 형태이다. 하지만 마을어업의 공동어업 관리는 정부와 어업자가 공동으로 어업관리에 관한 의사결정을 포함한 제반 과정에 참여하는 것이 아니라, 어업단체가 자율적으로 행하는 것이므로 엄밀히 보면 협동관리와는 다소 차이가 있다. 이것은 오히려 자율관리형 어업관리로 볼 수 있다.[23]

3. 근해 꽃게 통발어업의 현황과 발전과정

꽃게 통발어업은 1970년 이후 많은 발전을 해왔다. 꽃게 통발어업은 꽃게의 어황에 따라, 그리고 꽃게를 포획하는 주도구인 통발의 재질과 구조에 따라 발전해 왔다. 꽃게 통발어업의 발전은 여러 요인들의 상호 작용에 의해 변천되어 왔는데, 그 발전단계는 통발어업의 시작과 성쇠에 따라 대략 4단계로 구분될 수 있다. 본 장에서는 통발어업의 현황을 개략적으로 살펴보고, 꽃게 통발어업의 발전단계에 영향을 미친 주요 요인을 단계별로 고찰하고자 한다.

1) 꽃게 어획현황과 꽃게 통발어업

(1) 우리나라 꽃게 어획현황

꽃게의 학명은 *Portunus trituberculatus*으로 절지동물문 갑각강 십각

23 이상고 · 류정곤, 앞의 논문(2001), 105~106쪽.

목에 속하는 종이다. 꽃게는 우리나라 제주도 근해에서부터 백령도 해역까지 광범위하게 분포되어 있다. 꽃게는 양쯔강 하구를 중심으로 동중국해에 대량으로 서식하고 있지만, 일본의 일부 해역에서도 서식하고 있다. 꽃게는 동남아의 베트남, 캄보디아, 인도네시아와 중남미의 멕시코, 칠레 등 여러 나라의 해역에서도 서식하고 있으며, 이들 지역에서는 통발어법을 비롯하여 다양한 방식으로 꽃게를 포획하고 있다.

아래 〈표 1-1〉에서 볼 수 있듯이 우리나라에서 꽃게는 1971년에 4,113M/T이 어획되었으며, 그 후 매년 증가하여 1988년에는 31,968M/T으로 어획량이 최고조에 달했다. 이후 한·중 어업협정으로 꽃게 주 어장이 상실되면서 어획량이 급격하게 줄어들었다.

〈표 1-1〉 연도별 어업별 꽃게 생산량

단위 : M/T

출처	년도	년 총량	저인망	선망	안강망	부망	자망	근해통발	연안통발	어선수	가격(kg/원)
수산청 연보	1971	4,113	541	98	709	46	2,215	0	0		42
	1972	5,701	170	41	2,035	10	2,747				56
	1973	9,306	126	29	3,882	113	4,282				61
	1974	10,487	787		1,695	31	7,254				100
	1975	13,703	2,546		1,377	43	8,795				122
	1976	11,176	467	328	1,369	171	7,065	0	0		220
	1977	16,768	1,726		249	167	9,925	0	46	222	278
	1978	16,691	3,603	484	4,905		6,309	50	74	272	248
농림수산부 연보	1979	18,554	3,769	25	6,841		7,163	8	26	417	679
	1980	19,734	3,196	119	9,523	309	5,510	0	60	515	0
	1981	22,181	7,324	75	9,590	70	4,705	0	38	415	0
	1983	17,854	6,617		4,667		5,839	0	176	405	756
	1984	25,643	10,700		9,623		4,457	0	296	481	745
	1985	23,960	10,860		6,176		5,780	0	326	545	777
	1986	30,897	9,813		11,152		8,304	0	438	587	1,172
	1987	30,273	10,663	82	9,900		8,669	10	387	594	951

	1988	31,968	10,774	78	7,638		11,432	0	1,076	624	1,309
	1989	28,753	9,466	108	6,407		5,951	213	5,599	581	1,406
	1990	23,415	9,752	28	7,122		4,303	558	1,043	583	1,688
해양수산부 연보	1991	18,729	5,109	7	4,577		4,293	1,717	1,891	598	1,674
	1992	17,317	5,025		2,710		5,629	1,575	1,895	551	2,336
	1993	10,419	1,177		2,348		5,826	320	622	545	5,271
	1994	21,483	5,104		3,099		5,847	6,072	1,097	535	4,010
	1995	17,651	4,422		3,004		5,550	1,568	805	543	3,728
	1996	15,754	656		2,379		6,653	3,596	1,278	529	4,837
	1997	11,430	551		1,313		5,964	1,909	612	529	6,394
	1998	13,814	726		1,757		7,781	956	1,683	517	5,380
	1999	11,819	233		1,880		7,892	280	917	510	7,387
	2000	12,842								377	9,598
	2001	13,016	235	17	1,804		8,252	163	1,667	349	12,251
	2002	18,659	114		3,252		10,849	474	3,337	295	0
	2003	9,478	31		926		7,400	215	642	279	13,351
	2004	2,683	20		292		1,758	32	368	302	19,319
	2005	3,714	30		404		2,384	76	608	297	14,684
	2006	6,894	24		1,156		4,545	35	609	250	13,365
	2007	13,606	61		1,328		7,850	1,579	2,378	253	10,860

자료출처 : 수산청, 농림수산부, 해양수산부 통계연보

한·중 어업협정 이후인 2001년부터 우리나라의 꽃게 어획량이 감소되어 가격이 높아졌다. 이로써 많은 양의 꽃게가 중국, 바레인, 인도, 북한 등지에서 신속하게 수입되었고, 그 중에서도 중국산 꽃게가 가장 많았다. 〈표 1-2〉를 보면 우리나라 통발어업의 주어장이 상실되어 중국어선들의 어획량이 증대하였으며, 중국으로부터의 수입량 또한 늘어났음을 알 수 있다.

〈표 1-2〉 연도별 국가별 냉동 꽃게 수입검사 현황

단위 : M/T

구분	1998년	1999년	2000년	2002년	2003년	2004년
중국		2,122.0	1,964.8	8,092.6	5,744.7	11,542.0
파키스탄		0.5	244.2	329.5	140.7	559.5
바레인		195.0	2,024.9	2,078.9	1,625.2	
인도	7.9	1.5	237.3	556.1	241.4	556.3
북한		20.0		178.8	146.1	
태국			83.7		13.5	2.92
인도네시아	226.4	3,788.0	302.6	8.2	6.0	11.0
말레이시아	0.7	0.4	9.7	1.54	0.8	
합계	235	6,127.4	4,867.2	11,245.64	7,918.4	12,671.7

자료출처 : 농수산물검사소(1998~2004 수산물 수입검사현황)

(2) 꽃게 통발어업의 어구어법

꽃게는 주로 통발과 자망을 이용하여 포획한다. 우리나라에서 사용하는 통발은 대개 포획하는 대상어종에 따라 새우통발, 게통발, 장어통발, 골뱅이통발 및 갑오징어통발 등으로 분류하고 있다. 어업현장에서는 더 세분하여 홍게통발, 꽃게통발, 낙지통발, 도다리통발, 물메기통발, 잡어통발 등으로 구분한다.

통발은 형상에 따라 원통형, 원추형, 사각형이 있고, 연안어업에서 사용하는 스프링을 사용한 접이식 통발도 있다. 형태가 같은 통발도 그물코(망목)의 크기에 따라 용도가 다른 것으로 분류된다. 통발은 대부분 철구조물로 형상을 만들고 그 위에 그물을 씌워 만들지만 용도에 따라 그 형상을 대나무나 플라스틱 재료로 사용하거나 그물이 아닌 철망을 사용하는 것도 있다.

현재 우리나라에서 꽃게를 포획하는 데 사용하는 통발의 형태는 원통형 철재 구조물에 합성섬유(Poly Ethylene) 재질의 그물을 씌운 후, 측면에 세 방향의 유인구를 만든 것이다. 통발은 어구의 내부에 미끼를 넣고

냄새로 꽃게를 유인하여 통발에 가두어 포획한다. 꽃게잡이 통발은 형태상으로는 서해안에서 놀래미, 고동 혹은 잡어를 잡는 통발과 동일하나 그물코의 크기가 각각 35mm와 65mm인 점에서 차이가 있다. 연안 소형어선에서 사용하는 장어, 낙지 등을 잡는 통발과는 그물코와 통발의 크기에서 차이가 있지만, 동해의 1,000m 심해에서 서식하는 물레고동(골뱅이)을 잡는 통발과는 모양과 크기가 동일하다.

통발의 제조 공정은 일부 자동화된 부분도 있으나 대부분의 공정이 수작업으로 이루어진다. 통발제작에 사용되는 주요 자재인 철재와 그물은 중국에서 수입하지만, 제작은 전부 국내에서 이루어진다. 특히 국내에서 사용되는 통발의 대부분은 전라남도 목포 지역에서 생산된다. 꽃게 통발은 거의 수작업으로 제작되기 때문에 생산 원가의 60% 이상이 인건비로 지출된다. 또한 제작공정이 수작업으로 이루어져 생산 능률이 아주 낮다.

현재 사용되는 통발은 부피가 크고 고정된 형상이어서 운반비용이 크다. 통발에 대한 수요는 계절적으로 가을어기가 시작되는 시기에 집중되지만, 보관에 필요한 공간이 너무 넓어 미리 생산하여 비축하기가 매우 어렵다. 이런 제작상의 문제점으로 인해 꽃게 통발은 단가가 높고 수급이 어렵다. 하지만 통발의 크기와 모양을 유지해야 하는 탓에 인건비가 싼 나라에서 제작해서 수입하더라도 운반비용 또한 문제가 된다. 따라서 저렴한 비용으로 통발을 제작하고 원활하게 수급하는 것이 꽃게 통발어업의 주요 과제라고 할 수 있다.

〈사진 1-1〉 꽃게잡이용 통발

우리나라에서 꽃게잡이용 통발로 한정하여 생산되는 통발은 없다. 법적으로 고동이나 잡어 포획용 통발과 꽃게 포획용 통발은 그물코의 크기(망목)[24]로 구분되고 있다. 하지만 현실적으로는 꽃게잡이용 통발이 별도로 생산되지 않아 같은 종류의 통발이 사용되고 있으며, 이는 현행 수산자원보호령에 위반되는 행위이다. 그렇다고 영세한 어민이 2~3개월 동안의 꽃게잡이를 위해 통발을 별도 주문하거나 수천만 원을 들여 어구를 따로 마련할 수도 없는 일이다.

통발을 특수 제작하더라도 꽃게잡이 어기가 지난 다음 통발을 보관하는 것은 더욱 문제가 된다. 통발을 사용하지 않고 바다에 부설해 두면 태풍이나 해류로 인해 분실되기 쉽고 환경오염과 유령어업[25]으로 지탄받을 수도 있기 때문이다. 통발을 육지에 적재해 둘 경우에는 합성섬유로 만든 그물의 물리적인 특성상 빛에 쉽게 열화되고, 바닷물의 염분에 노출된 철재 구조물은 급속히 부식되어 사용할 수 없게 된다. 육지에 보관할 때는 적재할 장소와 운반에 필요한 비용이 만만치 않은 탓에 적재된 통발을 재사용하여 어로작업을 할 경우에는 경제성이 문제가 된다.

현행 관련 법규와 제도를 살펴보면, 꽃게 자원의 보호를 목적으로 어선의 허가정수의 제한, 포획체장의 제한, 그물코 크기의 제한, 조업기간의 제한, 포란한 암게의 포획금지 등 여러 겹으로 규제를 설정해 놓고 있다. 하지만 꽃게를 연구한 학자들과 관계기관의 자원량 연구조사를 바탕으로 하여 설정한 꽃게의 최대 지속가능 어획량(MSY : Maximum Sustained Yield)[26]이 현장에서 수용되기에는 많은 문제점 있다.

우선 자원량에 대비하여 통발어업의 어획 능력이 자원에 미치는 영향을 실제로 분석한 사례가 없다는 점이 지적될 수 있다. 또한 어업종사자들 스스로가 치어 포획에 반대하고 방류사업에 적극 참여하고 있는

24 1993년 3월 개정 수산자원보호령 제6조 1항 11호에 따르면 꽃게 포획을 주로 하는 통발의 망목의 내경이 65mm 이하는 사용할 수 없다.

25 함정에 빠진 어류를 포식하기 위해 다른 어류가 함정에 빠지는 연쇄적인 현상이 일어나 어족자원을 낭비하고 고갈시키는 어업이라고 빗대어 붙인 말이다.

26 최대 지속가능 어획량(MSY)은 자원량의 재생산을 기초로 하여 산정되는 자연조건에서 얻어지는 최대 생산량을 말한다.

현실이 제대로 반영되지 못하고 있다. 뿐만 아니라 어업환경과 자원조성의 중요성에 대한 종사자들의 사회적, 문화적 인식과 태도에 대한 연구조사가 아직까지 한 번도 실시된 사례가 없다는 것이다.

여러 문제점들을 두고도 정부는 물론 학계에서도 관련 어업의 보호와 어업 종사자의 생계 대책을 연계한 종합적인 정책수립에 대해서는 크게 관심을 두지 않았다. 이와 같은 현실과 문제점에 대한 언급 없이 학계나 관계 기관에서는 단순히 생태적으로 체장이 64mm 이하의 꽃게는 치어이고 이를 포획하지 않기 위해서는 그물코가 65mm 이상 되어야 한다는 논리만 강조하고 있다.

이런 현상은 어업인들의 지속적인 건의와[27] 어업현실을 무시한 채 통발을 사용하여 꽃게를 포획하기 시작한 이후 한 차례도 사용한 사실도 없고 생산된 적도 없는 통발을 기준으로 하여 관련규정을 제정한 것에서 비롯되었다. 이렇게 제정된 규정은 필연적으로 어업인들로 하여금 불법어업을 할 수밖에 없도록 만들었으며, 그 결과 수많은 어민들이 범법자로 전락되고 말았다. 이것은 의사결정 및 정책집행 과정에서 현장의 경험과 지식을 수용하지 않고 단지 행정편의적 혹은 연구편의적인 절차에 따라 이루어진 정부주도형 관리어업의 전형이라 할 수 있다. 더욱 심각한 문제는 어업규제로 인한 자원관리의 성과가 구체적으로 제시되거나 산출되지 않는다는 것이다. 불법어업을 한 어민들을 범법자로 양산한 결과는 있지만, 규제로 인해 사회・경제적으로 이익이 발생했다는 뚜렷한 증거가 아직까지 보고되고 있지 않다.

27 근해통발수산업협동조합은 1996년부터 2003년까지 17회에 걸쳐 해양수산부, 수협중앙회, 정치단체, 한국해양수산개발원(KMI) 등에 건의서를 제출하고 면담을 하였다. 2003년 5월 20일 근해기타통발협의회 소속회원들이 국립수산과학원를 방문하여 자원과장 등을 면담하여 자원보호령 결정시 기초자료 부재를 지적하며 어업인이 조사선박과 비용을 부담하는 조건으로 연구교섭어업과 연구원 파견을 요청하였으나 국립수산과학원에서는 생물학적 특성을 들어 거절하였다(근해통발수협, 기타통발어업 망목조정 관련자료, 2003).

2) 근해 꽃게 통발어업의 발전과정

앞 절의 〈표 1-1〉에서 볼 수 있듯이 1988년 우리나라 꽃게 생산량이 최고조에 이를 때까지 꽃게 통발어업의 어획실적은 거의 없었다. 근해 꽃게 통발어업은 장어통발어선이 동중국해에서 꽃게어장을 발견한 1989년부터 어획이 시작되었다. 아래 〈그림 1-1〉에 제시된 것처럼 꽃게 통발어업의 발전단계는 초기개발단계, 개발단계, 성장단계, 쇠퇴단계 등 4단계로 구분할 수 있다. 다음에서는 각 발전단계별로 특징 요인들에 관하여 살펴보기로 하겠다.

(1) 꽃게 통발어업의 초기개발단계(1971년 이전)

현재 사용되고 있는 꽃게 통발이 정확히 언제부터 사용되었는지에 대해서는 잘 알려져 있지 않다. 철제 구조물에 그물을 씌워 만드는 통발의 형태는 합성섬유인 쿠라론Kuralon 그물이 우리나라에 도입된 시기가 1950년대 말이므로[28] 그 구성 재료를 보아 현재와 같은 형태의 통발은

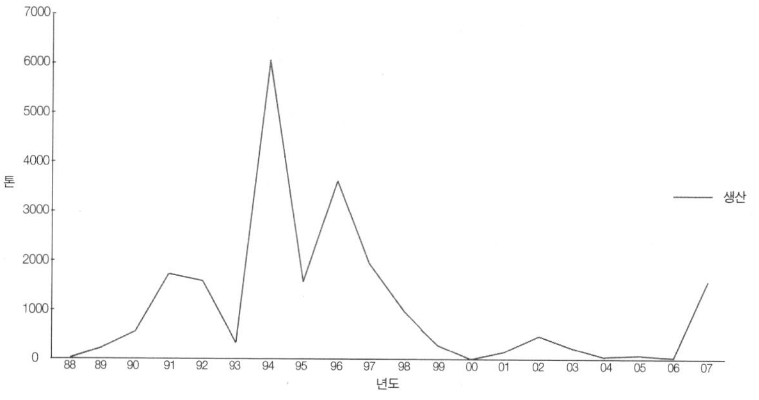

〈그림 1-1〉 근해통발어업의 꽃게 생산추이

자료출처 : 〈표 1-1〉 자료

28 지철근, 『시련기 수산업사』(한국수산신보사, 1998), 445쪽.

1960년대에 제작되었을 것으로 추정된다. 현재 사용 중인 통발과 똑같은 형태는 아니지만 유사한 통발이 1960~1970년대 인천 지역에서 꽃게를 잡는 어구로써 사용되었다고 한다. 1960년대 말에 경기도 안산 사리포구에서 양○모씨가 이런 통발을 제작하였다고 한다.

(2) 꽃게 통발어업의 개발단계(1971~1988년)

꽃게를 포획하는 어업은 신고어업으로 시작되었지만 1975년 8월 수산업법시행령 개정으로 허가어업이 되었다.[29] 통발어업은 선박 규모에 따라 동력선 8톤 이상 90톤 미만 어선은 근해통발로 분류되며, 포획어종에 따라 장어통발어업, 기타통발어업,[30] 문어단지어업으로 구분된다. 무동력선과 8톤 미만 동력선은 연안통발어업으로 분류되며 세부적으로 문어단지어업과 연안통발어업으로 구분된다.

꽃게 통발어업은 허가 분류상으로는 근해통발어업이고 어업명칭으로는 '기타통발어업'에 속한다. 기타통발어업에는 장어통발어업과 문어단지어업을 제외하고 통발을 사용하는 대부분의 통발어업이 포함된다. 어획대상물은 허가증에 명시되고 있지만 해당 선박이 주로 조업을 하는 지역에 서식하는 수산물에 따라 채포물의 종류가 달라지기도 한다. 이런 경우에는 일정 시점까지 간단한 신고 절차로 채포물을 추가할 수 있었으나 현재는 거의 고착되어 있다. 꽃게 통발어업은 1975년부터 수산업법상 허가어업으로 지정되고 근해통발어업으로 분류되었지만, 허가어업으로 지정되었던 당시의 꽃게 어업은 주로 소규모 연안어업이 대부분이었다.

29 유동운, 앞의 책(2000), 114~117쪽.

30 '기타통발어업'은 2008년 8월 1일 일부 개정된 농수산부령 제22호(어업허가 및 신고 등에 관한 규칙)에 따라 '그 밖의 통발어업'으로 명칭이 변경되었다. 하지만 어업현장에서는 '기타통발어업'이라는 명칭이 보편적으로 사용되고 있다. 여기에서는 어업인들의 언어사용법에 따라 '기타통발' 혹은 '기타통발어업'으로 표기하고 있다.

한·중 어업협정 이전 꽃게 통발어업의 주 어장은 동중국 해역이었다. 동중국해에서 꽃게 조업의 성어기는 9월에서 12월 사이이다. 3월에서 6월경까지 조업을 하는 경우도 있었으나 어획량이 적어 경제성이 없었다. 수온에 따라 어군이 형성되는 해역이 바뀌기도 하지만 통상 수온이 높은 봄 어기와 9월에는 북위 32도에서 34도 사이의 중국 연안과 가까운 해역에서 조업을 한다. 수온이 내려가면 어군이 이동하기 때문에 어군을 따라 남하하여 양쯔강 하구어장과 그 인근 해역에서 주로 조업을 하다가 12월경에는 서해 조업자제선인 북위 25도까지 남하하기도 한다. 일부는 조업자제선을 이탈해서 대만 해협까지 진출하여 일정 부분 어획성과를 내는 경우도 있었다. 최근에는 중국 어선세력의 급증과 자원감소로 동중국 해역에서 꽃게 조업은 거의 이루어지지 않고 있으며 대부분 우리나라 서해 해역에서 꽃게를 어획하고 있다.

우리나라 서해에서 꽃게 통발어업은 금어기(6월 16일부터 8월 15일까지)를 제외하고 연중 조업할 수 있지만 1월~3월과 6월과 12월은 어획량이 적어 경제성이 없다. 꽃게 어업의 성어기는 4월~5월과 9월~11월이지만 그 중에서도 9월부터 10월까지 2개월이 최고 활황기이다. 꽃게의 미끼(입갑)는 선망, 정치망, 저인망에서 생산한 냉동 고등어(갈고)를 주로 사용한다. 고등어는 체장 20cm 전후로 선도가 좋고 지방이 풍부한 것을 사용하며 최근에는 동해산 고등어를 선호하고 있다. 수온에 따라서는 멸치나 깡다리(강달어)를 소량 사용하기도 한다.

꽃게 통발어선의 통발 사용 개수는 관련법으로 정해져 있다. 선박의 크기에 따라 40톤 이상 어선은 5,000개, 20톤~40톤은 3,500개, 20톤 미만은 2,500개로 통발 개수를 제한하고 있다. 통발의 양망·투망 개수는 선박규모나 조건에 따라 차이가 있으나, 기본적으로는 1일 1회 법정 사용개수 정도를 양망하고 투망한다. 어황의 정도에 따라 횟수를 증가시켜 더 많은 통발을 양망하고 투망하기도 한다. 통발은 주로 일몰시 투망하여 새벽에 양망하지만 어군이 밀집되고 활황인 경우에는 수면 시간을 제외하고 계속 조업하기도 한다.

꽃게 통발어선의 선원은 선박이 20톤 이상인 경우 선장과 기관장을 포함하여 7~11명이 승선한다. 선원의 승선기간은 주로 1년 단위로 계약하며 선박별로 차이는 있으나 한번 출항하면 한 달 정도 조업하고 귀항하여 3~4일 정도 필요한 물품과 어구를 준비하여 다시 출항한다. 작업시간은 계절별로 차이가 많지만 대개 하루에 10~15시간 정도가 보통이며, 성어기(보통 1~2개월)에는 10시간 작업하고 3~4시간 취침하는 방식을 반복하는 경우도 있다.

어획된 꽃게는 선상에서 냉동하여 만선이 되면 항구로 귀항하여 한꺼번에 판매하거나, 활어 상태로 운반선에 실어 매일 어장과 가장 가까운 양륙항의 산지 수협 위판장에서 경매를 통해 판매한다. 간혹 소비지 수협 공판장에 직접 상장하기도 한다. 경우에 따라서는 수집상을 통해 판매하거나 대형 매장에 납품하는 중간업자에게 판매하기도 한다.

선원들의 임금은 대개 비율급제比率給制[31] 또는 보합제를 채택하고 있다.[32] 선원들의 월 소득은 소득 신고가 정확하게 이루어지지 않아 공식적인 통계자료는 없지만 업계에서 실제 지급하는 임금의 경우, 계속 근무하는 선원은 월평균 150만원에서 250만원을 받고 일당을 받는 선원은 숙련도에 따라 6~8만원을 받는다.

꽃게 통발어선에 종사하는 선원들은 1990년대까지만 해도 육지의 다른 업종에 비해 상대적으로 높은 임금을 받았다. 그러나 2000년대에 접어들면서 어자원 및 어획량 감소, 어가하락 등의 영향으로 어업 경쟁력이 떨어지면서 선원들의 임금도 많이 감소되었다. 임금감소와 더불어

31 '비율급'이라 함은 선박소유자가 어선원에게 지불하는 임금으로서 어획금액에서 대통령령이 정하는 공동경비를 뺀 나머지 금액을 단체협약, 취업규칙, 근로계약으로 하는 분배 방법에 의하여 할당한 금액을 말한다(선원법 제3조, 2008. 개정).

32 강정우, 「우리나라 연근해어업의 수익분배제의 합리화에 관한 연구」, 『인적자원관리연구』 13(1)(한국인적자원관리학회, 2006), 1~27쪽.

열악한 작업환경 및 지속적인 어획노력량의 증가에 따른 노동강도의 증대로 인해 꽃게 통발어업은 선원들에게 기피 업종이 되고 말았다.

(3) 꽃게 통발어업의 성장단계(1988~2002년)

꽃게 통발어업은 1980년대 전라남도 소흑산도와 제주도 근해에서 장어를 잡던 통발어선들이 1987년 양쯔강 수역까지 진출하여 꽃게어장을 발견하면서 시작되었다. 당시 장어통발 어선은 연안 어선에 비해 규모가 크고 대부분 신조선이었다. 1항차 조업 기간이 대개 15일에서 한 달 정도 소요되는 근해어업은 출어 준비에 많은 자금이 일시에 투입된다. 또한 안전조업을 위하여 여러 척이 선단을 이루어 조업하는 것이 필수적이라 생계형 가족 어업수준의 어업인들은 양쯔강 수역으로의 진출을 시도할 수 없었다.

(하지만) 장어의 일본 수출 호조로 호황을 누리던 장어통발업계는 자금에서 여력이 있었다. 1980년 말경 장어 어획이 일시적으로 급감하면서 경영에 어려움이 발생하자 그 타개책으로 꽃게를 잡기 시작하였다. 1989년에는 조합 소속 어선 70~80척 정도가 꽃게를 잡게 되었다. 이때 어획한 꽃게들은 대부분 활어 상태로 양륙항인 전남 완도와 목포로 운송되어 톱밥을 넣은 박스에 재포장되어 서울시장에 판매되었다.

(구○모, 남, 52세, 근해통발수협 상임이사)

근해통발어업 중 장어통발의 허가정수는 300건이었고, 이 중에서 284건이 발급되었다. 장어통발 어선들은 대부분 경남지역이나 부산에 근거지를 두고 붕장어를 생산하고 있었다. 1985년 이후 붕장어 자원의 감소와 어선의 대형화로 출어선 대부분이 적자 경영으로 어려움을 겪고 있었다. 지속적인 불황으로 어업경영이 어려워지던 시점에 동중국해에서 꽃게어업이 호조를 보이자 당시 근해장어통발수협(현 근해통발수협의 전신)[33]에서 장어통발어업을 꽃게잡이로 허가를 변경해줄 것을 관계기관에 청원하였다.

근해장어통발수협에서 수협중앙회와 수산청에 수차례 건의한 결과, 1991년 2월 28일자로 43척의 장어통발 어선이 기타통발 어선으로 어업허가를 전환하게 되었다. 어업허가를 전환한 43척 중에서, 경남선적 어선이 37척이었고 부산선적 어선이 6척이었다.

〈표 1-3〉 1980년대 통발어선의 규모

선명	선질	톤수	확인년도	진수년도	선령(년)	마력	선원(명)	선주연령
7갑성	목재	41.14	83	76	7	150	10	47
5광명		28.18	87	83	4	125	10	30
19금창		42	88					
88창금		35.67	88	84	4	150	10	42
11광덕		35.67	87	84	3	150	10	35
7금용		83.15	83	79	4	180	10	53
11경남		32.39	85	83	2	150		45
98경남		42	88	88	0	365	10	48
88경남		30	85	85	0	238	10	45
78신진		48.15	87	78	9	220	11	39
해광		37.39	85	67	18	150	11	47
7세일		82.89	87			322	11	51
15화승		47.96	85	78	7	170	11	34
99해양		42.6	87	85	2	180	10	51
20오상		41.45	83			262	11	43
7영덕		37.20	84	84	0	150	10	28
3어전		49.85	87	79	8	150	11	43
77안성		83.98	85	79	6	260	10	38
22오상		41.29	84	76	8	150	10	38
3현경		50.09	89	78	11	200	10	29

33 근해장어통발 수산업협동조합은 1982년 근해장어 통발어업인 69명이 창립하였고 1991년 조합원 중 43명이 근해기타통발어업으로 허가변경과 업종전환을 계기로 1996년 근해통발수산업협동조합으로 명칭을 변경하였다.

21만성		35	86	86	0	388	10	29
5명광		27	87	84	3	150	10	49
88명량		28	88	84	4	150	10	47
7창운		40.57	85			180		32
88태성		39	87			470	10	47
6대광		32.11	85	75	10	180	11	34
5남경		32.01	83			150	10	26
5해성		83.18	83			280	11	46
평균		44(30)		80.7	5.24	210	10.32	40.59

자료출처 : 근해장어통발수협(1983~1989 유류카드 발급자료)

장어통발어업과 기타통발어업은 조업구역이 서로 다르기 때문에 어선 분산으로 균형있는 어업경영이 가능하게 되었다. 〈표 1-3〉에 제시된 자료를 분석하면, 당시 근해장어통발수협에 등록된 어선들의 평균톤수는 구 톤수로 44톤이었다. 이를 현재 사용되고 있는 신 톤수로 환산하면 30톤이다. 당시 평균 승선인원은 10.32명이었으며, 선박의 평균마력은 210마력이었다. 조사시점을 기준으로 평균 선령은 5.24년이었고, 선주들의 평균 연령은 40.59세였다.

활 꽃게어선이 양쯔강 해역으로 진출하면서 어선의 설비와 비용에서 많은 변화가 일어났다. 동중국해까지는 가까운 곳이라도 7~8 노트[34] 속도의 선박이 24시간 항해해야 하는 거리에 있고, 주어장인 양쯔강 인근 해역까지는 48시간 이상 소요되었다. 주 어장에서 양륙항까지 긴 시간 동안 장거리를 운항하는 과정에서 여러 가지 문제점들이 발생하였다. 특히 꽃게를 운반하는 과정에서 꽃게가 대량으로 폐사하는 사례가 빈번하였다.

이런 문제와 더불어 운반비용과 판매비용이 생산금액의 약 60%를 차

34 1노트는 선박이 1시간에 1해리를 항해하는 속도를 말하며 1해리는 1,852m 이다.

지하면서 다른 업종에 비해 가격 경쟁력에서 밀리게 되었다. 더욱이 1990년대 초반에는 어획이 부진하여 일부는 장어통발어업으로 되돌아가고, 일부는 연안어업에 치중하거나 채낚기 등으로 전업하면서 어선세력이 급격하게 약화되었다. 그 결과 최고 호황기 때 약 150척이었던 활 꽃게 어선은 국제감척이 실시되기 직전인 1998년에는 70여 척만 남았다.

1991년 부산지역의 어업인들이 꽃게를 선상 냉동하여 높은 상품성을 인정받았을 뿐 아니라 상인과 소비자로부터 호평을 받았다.[35] 이에 자극을 받은 통영의 활 꽃게 어업인들은 1992년 중고 냉동어선 2척을 도입한 것을 계기로 1993년부터 동중국해의 작업에 알맞은 선형을 개발하여 냉동어선을 신조하기 시작하였다. 이와 더불어 1995년부터 해양수산부에서 어선 현대화 사업의 일환으로 노후대체선의 신조선을 위한 저리 정책자금을 지원하면서 냉동어선이 폭발적으로 늘어나 1997년에는 120여척으로 증가하였다.

일반적으로 꽃게통발 냉동어선들은 출항 후 보통 1개월 정도 작업하면서 척당 평균 50 M/T 정도를 어획하였으며, 어황에 따라 연간 5~7항차 조업을 하였다. 호황기였던 1994년에서 1998년까지는 연평균 100여 척의 꽃게통발 냉동어선이 투입되어 연간 25,000~35,000 M/T 정도의 어획고를 올렸다.

(4) 꽃게 통발어업의 쇠퇴단계(2003년 이후)

2000년대에 접어들면서 한・일 어업협정 및 한・중 어업협정으로 인해 꽃게어장이 축소되었고 그 결과 어획량이 대폭 감소하게 되었다. 결국 꽃게 통발어업은 사회경제적으로 여러 가지 문제에 직면하게 되었다. 뿐만 아니라 정부의 감척정책으로 어선세력이 대폭 감축되면서 꽃게 통

35 박정석, 「어장공유와 어업규제 : 꽃게 통발어업을 중심으로」, 『민족문화논총』 39(영남대학교 민족문화연구소, 2008), 548쪽.

발어업은 갑작스레 쇠퇴하였다. 2007년의 경우 동중국해역에서 40여 척의 근해꽃게통발어선이 어획한 꽃게는 약 3,000 M/T 정도로 추정된다.

〈표 1-4〉 근해기타통발 어선 K호의 매년 9월~12월 어획실적

단위 : M/T

년도	구분	등급	1항차	2항차	3항차	4항차	소계	총량	항차평균	비고
2002	암	상	29.12	39.61	13.07	1.65	83.45	143.31	35.82	
		하		1.10	2.19	2.26	5.55			
	수	상	21.93	9.36	6.01	1.31	38.61			
		하	0.42	0.40	11.33	3.55	15.70			
2004	암	상	1.47	6.50	3.16		11.13	98.13	32.71	
		하		1.48	7.29		8.77			
	수	상	3.27	7.96	1.29		12.52			
		하	10.97	39.98	14.76		65.71			
2005	암	상	2.57	15.69	16.29	3.57	38.12	86.83	28.94	
		하	7.40				7.40			
	수	상	6.63	5.08	4.88		16.59			
		하	24.72				24.72			
2006	암	상	2.33	6.96	1.12	0.32	10.73	132.46	33.11	
		하	0.75	4.59	10.49	3.07	18.90			
	수	상	4.33	2.70	0.11	0.07	7.21			
		하	18.76	34.34	19.41	23.11	95.62			
2007	암	상	23.56	8.48			32.04	72.60	29.04	작업일2.5개월 /2.5항차로 계산한 수치임
		하	25.34	3.67			29.01			
	수	상	3.90	2.74			6.64			
		하	2.80	2.11			4.91			

자료출처 : 직접 조사

〈표 1-4〉는 통영시 선적의 K호가 2002년부터 2007년까지 꽃게 성수기인 9월에서 12월까지 어획한 양을 항차별로 기록한 것이다. K호의 선박제원을 살펴보면 총톤수가 79톤, 주기관은 900마력, 냉동기는 100마력이다. 양망과 투망에 사용한 통발은 1회당 4~500개였다. 승선인원은

11명이며, 출항 후 육지로부터 추가 보급 없이 작업 가능한 일수는 60일이다. 1항차에 사용된 미끼는 1개월 기준으로 20kg 상자 600개이며, 하루 연료(경유) 소비량은 8~10 드럼이다. 냉동실에는 10kg 꽃게 6,000박스(약 60톤)를 적재할 수 있으며, 급냉실 용량은 4톤이다. K호가 장착하고 있는 장비는 무전기류 5대, GPS 프로타 2대, 알파 레이더, 레이더, 어탐기, 수온계, 기상팩스, 위성전화기, 일반전화기, 스카이라이프, 감시카메라 4대, 자동항법장치, 자동위치발신 신호기, 위성자이로 컴퍼스 등이 있다.

어획부진과 더불어 나타난 통발어업의 내적인 문제는 다음과 같다. 첫째는 심각한 선원 수급문제이다. 통발어업이 소위 3D 업종으로 전락하면서 선원들이 대거 이탈하게 되자, 선주들은 숙련된 선원확보를 위해 고액의 선불금을 지급할 수밖에 없었다. 이를 악용한 일부 선원들이 이중 또는 삼중으로 선급금을 받고 도주하기도 하였다. 그 결과 선급금과 관련된 피해가 만연하게 되었다. 이런 문제점을 해소하기 위해 2000년부터 외국인 선원을 도입하였다. 하지만 외국인 선원과 국내선원 사이에 의사소통이 제대로 되지 않고, 외국인 선원의 근속기간이 짧아 작업 숙련이 어렵다는 문제점이 노출되었다. 또한 국내선원과의 문화적 차이로 인한 갈등으로 외국인 선원의 무단이탈이 증가하였다. 따라서 외국인 선원을 도입하는 것만으로는 선원부족이라는 근본적인 문제를 해결할 수 없다.

두 번째는 꽃게 판매와 출어비의 문제이다. 선상에서 냉동한 꽃게는 제품 검수가 곤란하고 위판이 어렵다. 또한 선박이 입항하여 어획물이 하역되기 이전에 출어준비가 완료되어야 하고, 1회 출어에 투입되는 금액이 많다. 그러므로 선주는 수집상으로부터 어대금魚代金을 미리 선불로 지급받아 출어준비를 한다. 냉동어선의 특성 탓에 꽃게 통발어업 경영자들 대부분은 중간수집상(객주)에게 꽃게를 위탁 판매하는 방식을 택하고 있다. 이런 유통구조 때문에 어획한 꽃게를 헐값에 판매하고 있으며, 정부의 공식적인 어업생산 통계에 근해통발어업의 꽃게 생산량이 제대로 반영되지 못하고 있다. 이러한 까닭에 정부 기관이나 관계자 대부분이 근해꽃게 통발어업의 실태를 제대로 파악할 수가 없는 것이다.

세 번째는 어장 상황에 따라 조업기간이나 작업강도를 적절하게 조절할 수 없다는 것이다. 꽃게 냉동어선은 동중국해 어장이 호황이었을 때에는 경쟁력이 있어 활 꽃게 어선을 밀어내고 호황을 누렸지만, 어황이 저조할 경우에는 투자위험을 감소시키거나 어획노력을 조절할 수 없다는 단점이 노출되었다. 이런 구조적 한계와 재정적 부담으로 인해 어황이 저조했던 2003년부터 2005년 사이에 근해기타통발선주협의회[36] 소속 회원 35명 중 8명이 파산하였다.

4. 어업관리 유형별 협동관리 방안

꽃게 통발어업의 경쟁력을 확보하기 위해서는 정부주도형 어업관리의 문제점을 파악하고 도출된 문제점을 보다 효율적으로 개선하여 새로운 어업환경에 대응할 수 있는 어업관리 방안이 마련되어야 한다. 최근까지 정부는 통발어업의 효율화를 위한 어업관리 방안으로 감척사업, 어업허가관리, 금어기설정, 망목규제 및 어구개수규제 등을 시행하고 있다. 본 장에서는 정부의 어업관리에 대한 유형별 현황과 문제점을 분석하고 그 대처방안에 대하여 살펴보고자 한다.

36 근해기타통발선주협의회는 국제감척 이후 어업여건의 변화에 따라 적절한 대응이 필요하다는 인식 아래 2002년 11월 근해기타통발 어업인 중에서 꽃게 냉동어선 선주 43명이 주축이 되어 창립되었다. 회원은 경남·부산·제주·충남 어업인이 포함되어 있고 사무소는 경남 통영시 동호동에 있다. 그동안 업계를 대표하여 대정부 협상 창구 역할을 하였으며 꽃게 치어방류사업 등을 수행하였다.

1) 감척사업

(1) 현황

우리나라의 어선감척사업은 어업자원의 고갈과 남획을 방지하여 어업 경쟁력을 강화하려는 목적에서 정부주도로 어선세력을 적정수준으로 감축하는 사업이다. 꽃게의 주요어장인 동중국해와 서해는 환경오염과 남획으로 어업자원이 고갈되었고, 국제 어업협정으로 인하여 어장이 축소되었다. 이와 같은 국내외적인 어업환경의 변화에 대응하고 연근해어업자원의 보호하기 위해서는 어획에 투입되는 요소를 줄여야 한다는 지적이 여러 기관과 연구에서 발표되었다. 그 중에서도 가장 큰 장애요인으로 지적된 과다어선을 줄이기 위해 정부는 1994년부터 일반감척사업을 실시했으며, 국제 어업협정에 따라 특별감척사업(이하 국제감척)을 진행하였다.

1994년부터 시작된 연근해 어선감척사업에 따라 근해어선은 2004년까지 국제감척 302척을 포함하여 426척이[37] 감척되었다. 추가로 2007년부터 2010년까지 근해어선의 30%인 1,050척을[38] 목표로 감척사업이 진행 중에 있다. 2004년부터 2008년까지 5개년 계획으로 연안어선의 10%인 6,300척을 감척목표로 설정하여 2007년 말 계약체결 분까지 약 5,913척을 감척하였다. 근해통발수협 소속 근해기타통발 어선의 감척은 아래의 〈표 1-5〉에서 볼 수 있듯이 1999년부터 2007년까지 국제감척 81척과 일반감척 5척을 감척하여 1999년 기준 총 121척의 약 70% 수준인 86척을 감척하였다.

37 해양수산부, 『연 · 근해어선 감척사업추진현황』(2004).
38 해양수산부, 『2007년도 연근해 어업구조조정사업 집행지침』(2007).

〈표 1-5〉 근해기타통발 어선 감척현황

구분	1999년 한일	2000년 한일	2001년 한중	2004년 일반	2007년 연근해
어선척수	121	59	64	39	45
감척수	54	2	25	3	2
잔존척수	67	57	39	36	43

자료출처 : 근해통발수협(2008년 조합원 현황)

이러한 감척은 어획노력량 관리에 직접적이고 효과적인 방법으로 볼 수 있으며, 일부에서는 감척으로 척당, 톤당, 단위 노력당 어획량이 다소 상승되었다는 점을 들어 감척사업의 효과를 긍정적으로 평가하고 있다.[39] 그러나 근해 꽃게 통발어선의 국제감척은 자원관리를 위한 어업관리와 무관하게 국제 어업협정에 따른 것이며 어민피해를 구제하는 차원에서 시행된 것이다.

2007년부터 실시되고 있는 연근해어업 구조조정사업 집행지침의 목적에는 '근해 어선세력을 어업자원에 적합한 수준으로 줄여 지속가능한 수산물 생산을 도모함으로써 어업의 경쟁력을 강화하여 어업인의 소득 증대에 기여'[40] 한다고 명시되어 있다. 따라서 명목상으로는 자원관리 차원에서 감척사업이 시행되고 있다고 할 수 있다.

(2) 문제점

그러나 감척결정에서 EEZ 입어 허가어선을 우선순위로 한 것은 연안의 어자원 관리를 위한 감척보다는 2001년 국제감척 완료 이후에 파생된 사회적 문제와 어업인들의 불만에 대한 무마책으로써 시행된 것임을 보여준다. 감척사업에 대해 어업인들이 불만을 표출한 대표적인 사례는

39 박병수 · 이명규, 「근해어선 감척사업의 생산량에 관한 효과분석」, 『수산해양교육연구』 17(1)(한국수산해양교육학회, 2005), 131쪽.

40 해양수산부, 앞의 연구(2007).

한 · 중 어업협정으로 가장 큰 피해를 입은 꽃게 통발어업인들이 대체 어장을 요구하며 해양수산부를 상대로 행정소송을 제기한 사건을 들 수 있다.[41]

감척사업을 통해 근해 꽃게 통발어선의 척수는 70% 정도로 대폭 줄어 자유참여를 제한하는 어업관리의 목적은 달성되었다고 할 수 있다. 하지만 감척으로 공해상에서 우리나라의 어선세력은 줄어든 반면, 중국어선은 대형화, 현대화되고 어선세력도 대폭 증가하였다. 우리나라의 어선세력이 약화되면서 중국어선들은 엄청난 숫자로 무리지어 조업하고 있다. 우리나라 어선은 세력의 열세와 중국어선들의 위협으로 EEZ 수역과 중간수역에서의 조업을 포기한 상태이다. 폭발적으로 증가한 중국의 어선세력은 동중국해에서 남획은 물론 어로자원의 보호에도 커다란 문제점으로 대두되고 있다.

한 · 중 어업협정 3년 후인 2004년 구정에 가을어기의 저조한 어획실적을 만회하고자 중국해역에 나갔다. 중국어선들이 자국의 최대 명절인 춘절(구정)에 대부분 귀항하는 것을 감안하여, 중국어선이 없는 틈을 이용하여 조업하고자 설날 휴일도 포기하였다. 양자강 하구 어장에 가서 정박하고 중국어선이 귀항하기를 기다리고 있었는데, 그 일주일 동안 중국어선의 귀항 행렬이 끝없이 이어졌다. 심지어 레이더[42] 화면상에 선박을 나타내는 점들이 꽉 찬 것을 보면서 조업할 엄두가 나지 않았다. 그럼에도 조업을 해 보았지만 불과 2~3년 전까지 풍부했던 어장은 씨가 말랐는지 어획량이 거의 없어 경비만 소비하고 돌아왔다.

(김○모, 남, 44세, 근해 꽃게통발어선 선장)

41 『어민신문』(2003. 7.28).

42 레이다(Radar)는 강한 전자파를 발사하여 되돌아오는 전자파를 분석하여 대상물의 거리나 형태를 파악하는 장비로 세계 2차 대전 당시 개발되었고, 어선에서는 선박 안전항해와 어장에서 장애물 파악 등에 필수적인 장비이다.

이런 상황이 발생하자 어장을 잃은 근해 통발어선들이 연안어장으로 몰리면서 연안어장에서의 조업경쟁은 더욱 치열해지고 있다. 또한 어선 세력이 상대적으로 적고 우리나라에서 선호하는 어자원이 비교적 풍부한 일본 EEZ 수역에 불법으로 침입하면서 국가 간 외교문제가 발생하기도 한다. 이처럼 한·중 어업협정의 결과는 '연안국에게 자원관리에 대한 배타적 권리를 주어 남획을 방지하고 수산자원을 관리'한다는 UN 협약의 목적과는 반대로 나타나고 있다.

한·중 어업협정 이전의 동중국해는 자유경쟁 상태로 어느 정도 균형이 유지되었다. 하지만 한·중 어업협정 이후 동중국해에서 한국어선은 사라지고 중국어선이 갑자기 증가하면서 어자원이 남획되고 있다. 2008년 기준으로 최근 3년 간 동중국해에서 한국어선의 꽃게 어획이 대단히 저조하였다. 이런 사실은 2007년과 2008년에 우리나라 근해 꽃게 통발어선이 동중국해로 출어하여 꽃게를 어획한 실적이 거의 없다는 데 잘 나타나 있다.

한편, 우리나라에서는 어획능력이 큰 근해어선이 연안조업에 의존하면서 소형어선들과 어장을 두고 분쟁이 발생하고 있을 뿐 아니라 어구와 어법을 두고 충돌하는 사태가 자주 일어나고 있다.[43] 또한 어장에서의 극심한 경쟁으로 오염발생과 자원고갈이 가속화되고 있다. 현재 진행 중인 연안어선 감척사업도 여러 가지 사회적 문제를 발생시키면서 어선 감척의 본래 목적을 제대로 달성하지 못하고 있다.

전라북도는 1996년에서 2006년까지 근해어선 43척을 포함하여 3,920여척의 어선을 감척하였으나 감척 전 4,245척이던 어선이 감척 후 2006년에는 오히려 340척

43 통발어구나 자망어구 등이 부설되어 있는 수역에 저인망이 조업을 하면 통발과 자망은 망실되거나 한 덩어리로 뭉쳐져 양망이 불가능하게 된다. 또한 통발과 자망이 같은 수역에 부설되면 서로 어구에 큰 피해를 주어 먼저 양망하는 어선이 상대어장을 망가뜨리는 악순환을 불러오게 되어 어장오염을 가속화하고 어업비용을 상승시킨다.

이 증가하여 4,593척이 되었고 이는 보상금을 받고 낡은 어선만 처분하고 타지에서 중고선을 매입하거나 신조를 하여 발생하는 것으로 일종의 요요 현상이라고 한다.

『새전북신문』(2007. 7.30)

일부에서는 우리나라 어업환경에서 정부의 감시능력이 부족하고 행정비용이 과다 지출되기 때문에 감척 이외의 방식으로는 어획노력을 감소시킬 수 있는 현실적 수단이 없다고 주장한다.[44] 하지만 현재까지 진행된 감척사업의 결과는 행정적 비용 측면에서는 성공적일지는 모르나 자원관리의 목적이나 감척에 투입된 사회적 비용의 효율성에 대해서는 성공적이라고 말하기는 어렵다.

〈사진 1-2〉 감척 후 폐선 직전의 통발어선

44 표희동 · 권석재, 「우리나라 연근해어선감척사업의 정책방향에 관한 연구」, 『해양극지연구』 27(한국해양연구원, 2005), 332쪽.

(3) 방안

정부의 감척사업 진행과정에서 발생한 여러 문제점을 해결하기 위해서는 감척사업의 의사결정 과정에 어업인을 참여시켜 감척사업의 효과를 높일 필요가 있다. 의사결정 과정에서 어업인의 참여가 반드시 필요한 경우는 사업자 선정과정이다. 2007년부터 시행되고 있는 연근해어업구조조정사업 집행지침의 사업자 선정 및 우선순위를 결정하는 기준항목은 〈표 1-6〉에 제시된 바와 같이 사업을 어느 수준까지 유지하고 있는 어업인들을 대상자로 선정하게끔 되어 있다.

〈표 1-6〉 감척사업 대상자 선정의 기준항목

항목	내용	어선 상황
신청자격	최근 1년간 60일 이상조업 실적이 있는 자	정상적인 조업 가능 상태
신청서류	선박검사증서사본 담보 설정에 대한 채권자의 동의서	정상적인 조업 가능 상태 재정적으로 건전한 상태
우선순위	1순위 : 외국수역 조업허가 보유 2순위 : 조업허가를 많이 보유한 어선 3순위 : 어선규모(톤수)가 큰 어선 4순위 : 출어 일수가 많은 어선 5순위 : 선령이 오래된 어선 6순위 : 어선 소유 기간이 오래된 어선	어선규모가 큰 어업인 재정으로 여유가 있는 상태 재정 능력이 있는 어업인 정상조업을 하고 있는 상태

자료출처 : 해양수산부(2007년 연근해어업구조조정사업 집행지침)

정부가 제시한 감척사업 대상자 선정기준을 일괄적으로 적용하면 경제적으로 어느 정도 여유가 있는 어업인이 감척사업의 대상자로 결정될 수밖에 없다. 이런 현상은 어획노력량을 줄이고자 하는 감척사업의 본래 목적과 다르게 불공평한 부의 이전은 물론, 기존 어업인의 신조선 혹은 어장 재진입을 부추기는 결과를 낳고 있다.

〈표 1-6〉에 제시된 감척기준에 따르면 감척사업을 기회로 자진해서 퇴출하려고 하는 노후어선 보유자나 사업부진으로 인해 어업을 포기하고 있는 어업인들은 후순위가 된다. 또한 재정상태가 좋지 않은 어업인 역시 감척대상자가 될 수 없어 파산하거나 경매를 통해 사업을 정리할

수밖에 없다. 일부 어업인은 고가로 자신이 보유하고 있던 어선을 감척하고, 감척을 통해 조성된 자금으로 다른 선박을 저가로 매입하여 차액을 얻거나 부를 이전하는 수단으로 삼기도 한다. 이런 현상은 〈표 1-7〉에 제시된 근해기타통발선주협의회 소속 회원들의 선박 보유현황에서도 잘 드러난다. 보유선박을 감척하고 다른 선박을 구입하거나 신조선을 건조한 경우가 총 25척으로 회원 보유선박의 54%에 이른다.

〈표 1-7〉 근해기타통발선주협의회 회원 선박 보유 현황

선박 보유 내역	척 수
1999년(감척전) 이전 기존 보유	9
다수선박 보유 감척참가, 기존선 보유	3
보유선박 감척하고, 현대화사업에 참여하여 매입	16
보유선박 감척하고, 신조선	9
2001년 이후 신규 참여 신조선	1
현대화 사업으로 매입하여 신규 참여	5
감척에 참가하였고, 경매 등으로 일반 매입	1
경매 등 일반 매입으로 신규참여	1
현대화 사업으로 매입하고, 신조선	1
합계	46

자료출처 : 근해기타통발선주협의회(2003년)

꽃게 어획을 주업으로 하는 근해기타통발어업 선주협의회는 대부분 일정수준의 자금력이 있으며, 규모의 어업을 하는 어업인들이 회원으로 가입되어 있다. 이들 회원 중에는 감척이나 감척과 관련된 정책에 참가한 이후 어업에 재진입한 사람도 다수 있다. 이런 현상이 발생하는 것은 노후선 소유주나 사업부진으로 인해 부채가 많은 사람은 정부의 감척대상자 선정 기준으로는 감척할 수 없기 때문이다.

수협을 포함한 어업인 단체에서는 경제적인 이유 등으로 감척이 어려운 어선에 대해 한편으로는 감척비용을 공동부담하거나 이자감면을 통해 경제적 지원을 하고, 다른 한편으로는 채권자와의 합의를 이끄는 협

상의 조정자가 되는 것도 하나의 대안이 될 수 있을 것이다. 이렇게 도출된 결과를 정부가 감척대상자 선정과 우선순위에 반영하면 감척으로 발생하는 여러 문제점을 효과적으로 방지할 수 있다.

2) 어업허가 관리

(1) 현황

어업관리에서 어획노력량을 제한하는 대표적인 관리수단은 어업허가 제도이다. 어업허가 제도는 우리나라 및 일본을 중심으로 한 아시아 지역에서 주로 실시하고 있다. 통발어업은 신고어업이었으나, 1975년 8월 수산업법시행령 개정으로 허가어업이 되었다. 근해 기타통발어업 허가건수는 1988년에 624건으로 최고를 기록한 이후 〈표 1-8〉에서 제시된 것처럼 감척 시작 시점인 1995년에 543건을 기록하였다가 감척사업 등으로 허가건수가 대폭 감소하면서 2008년 말 기준으로 262건이 남아있다.

〈표 1-8〉 연도별 근해기타통발어업 허가건수 변동 현황

년도 별	1995	2000	2002	2003	2005	2007	2008
허가건수	543	377	295	279	297	253	262

자료출처 : 근해통발수산업협동조합(2008)

어업허가와 관련된 우리나라의 법체계는 아주 복잡하다. 수산업법 제43조에는 근해어업이 허가어업으로 규정되어 있으며, 수산업법시행령 제33조에는 근해어업의 종류가 규정되어 있다. 수산자원보호령 제20조에는 조업구역과 허가정수가, 제26조에는 톤수가 제한되어 있다. 어업허가 및 신고 등에 관한 규칙 제3조에는 근해어업의 명칭, 규모, 장비 등이 규정되어 있다. 근해 꽃게 통발어업은 수산업법상 근해어업이며, 수산업법시행령에서는 근해통발로 분류되어 있다. 수산자원보호령은 근해기타통발로 분류하고 허가정수는 159건으로 명시하고 있다. 어업의 허

가 및 신고 등에 관한 규칙에서 어선 규모를 8톤 이상 90톤 이하로 규정하였다. 〈표 1-9〉는 각 시도별로 등록된 근해기타통발 어선 현황을 나타낸 것이다.

〈표 1-9〉 전국 근해기타통발 어선 현황

지역	경남	부산	인천	울산	경기	강원	충남	전북	전남	경북	제주	총계
척수	43	3	10	4	4	20	18	1	18	35	2	158

자료출처 : 근해통발수산업협동조합(2008.12.31 현재)

〈표 1-8〉에 제시된 2008년도의 허가건수와 〈표 1-9〉에 나타난 어선척수에는 많은 차이가 있다. 허가건수가 어선 수보다 거의 1.5배 이상 많다. 이것은 침몰, 폐선 등으로 선박은 없어졌지만 허가가 남아 있거나, 한 척의 어선이 여러 개의 어업허가를 보유하기에 나타나는 현상이다.

(2) 문제점

어업허가 및 신고 등에 관한 규칙에서 어업허가를 받은 사람이 1년 이상 조업을 하지 않으면 어업허가가 취소되지만, 선박이 멸실 또는 분실되었을 때는 건조발주 허가 6개월을 포함하여 최소 1년에서 최장 2년간 어업허가를 유예할 수 있다. 건조발주 허가가 난 상황에서는 완공기일을 강제할 수 없기 때문에 선박이 없는 상태에서도 어업허가를 계속 소유할 수 있다. 이 경우 어업허가는 일종의 재산권처럼 어업허가를 전문적으로 취급하는 중개업자들을 통해 매매되기도 한다. 한번 매매된 어업허가는 그 희소성에 따라 다시 고액으로 거래되기도 한다.

소형어선 한 척이 다수의 어업허가를 가진 경우에는 계절별로 어업방식을 바꾸어 조업할 수 있다는 이점이 있다. 소형어선은 선박의 크기와 작업 조건에 따른 제약이 많아 한꺼번에 많은 어구를 사용할 수 없다. 소형어선이 여러 개의 어업허가를 보유하고 있는 경우에는 다른 어업으로 전환하는 비용이 저렴하고 어종에 따라 쉽게 어업방식을 전환시킬 수 있다는 장점이 있다. 하지만 근해장어통발, 근해꽃게통발, 근해안강망 허가어선 중에서 비교적 큰 규모의 어선들은 사용하는 어구가 많고 고가의 시설이 장착되어 있다. 따라서 어업방식을 바꿀 경우 어구전환 비용과 시설변경에 따른 비용이 너무 크다. 이처럼 이들 어선들이 계절별로 혹은 어황에 따라 어업허가를 바꾸어 조업하는 것이 매우 어렵고 현실적으로 그런 사례도 거의 없다.

어업허가에 관한 규칙은 허가 선박의 운영을 규정하고 있을 뿐, 어업허가의 계속 사용에 대한 별도의 제한규정은 없다. 따라서 허가어선이 멸실될 경우 그 어선의 어업허가가 매매될 개연성이 있으며 실제로 그런 사례도 종종 발생하고 있다. 시장에서 거래된 바로 그 시점부터 어업허가를 구입한 어선은 상황에 따라 다른 업종을 선택할 수 있다. 우리나라 어업허가 제도의 문제점은 '연근해어업 사이의 어장 경합, 허가 정수 문제, 비현실적 허가 요건, 관리책임의 한계성, 기술적 규제제도의 결함, 사후관리 장치의 부재'[45]에서 비롯된다. 즉, 어획노력량 규제를 통한 어업관리가 어업현장에서는 비현실적일 뿐 아니라 제대로 작동되지 않는다는 것이다.

어업관리에서 어획노력량은 주요 변수로 설정된다. 하지만 어획노력량의 핵심인 어업허가 건수가 불분명한 상태에서, 어획실적을 기준으로 TAC나 ITQ 등을 시행한다면 이는 근본적으로 잘못된 가정에서 출발하는 셈이 된다. 현재의 TAC 제도는 전년도의 어

〈사진 1-3〉 기타통발 허가 표지

45 최종화 · 차철표, 「우리나라 어업허가제도의 개선에 관한 연구」, 『해사법연구』 13(1)(한국해사법학회, 2001), 6~10쪽.

획량을 조사하여 차년도의 총 허용가능 어획량을 결정하고 배분한다.

이런 TAC 제도에서 임의로 포획할 어종을 변경할 수 있는 어업허가를 다수 보유하고 있는 어선을 구분하지 않고 모든 어선에게 할당량을 배정한다면, 단일 어업허가만을 보유한 측에서는 개별할당량에 대해 불만을 제기할 수밖에 없다. 즉, 할당량에 대한 불만으로 인해 TAC 제도의 정착에 어려움이 발생할 수 있는 것이다. 또한 할당량을 배정받은 어선들이 다른 어업에 집중하느라 TAC 배당량을 소진하지 않는다면, 이는 곧 다른 어선의 기회손실로 이어져 업종전체의 경쟁력을 저하시키는 요인이 될 수도 있다. 어업허가의 이런 문제점은 정부가 많은 재정을 투입하고 있는 감척사업의 효과를 반감시키기도 한다.

(3) 방안

어자원의 보호육성과 지속가능한 어업을 위해서는 어업허가가 더욱 효율적으로 관리되어야 한다. 일부에서는 정부가 어업허가를 더욱 철저하게 관리해야 한다고 주장하고 있다. 하지만 이런 주장은 국가주도형 어업관리의 한계와 비효율성이 지적되고 있는 지금의 시점에서 적절한 대안으로 보기 어렵다. 어업허가의 관리 강화보다는 현실적인 문제를 폭넓게 수렴하고 개선하는 대책이 필요하다.

어업허가를 효율적으로 관리하기 위해서는 어업인을 어업관리에 직접 참여시키는 협동관리가 하나의 대안이 될 수 있을 것이다. 어업인이 어업허가 관리에 참여하는 방법으로 해당 수협에게 멸실된 어선의 어업허가나 이용되지 않는 어업허가의 관리 권한을 부여하는 것을 검토할 수 있다. 이로써 멸실된 선박의 어업허가에 허위 건조발주 허가를 붙여 편법으로 거래되는 경로를 차단하게 된다. 어업허가의 매매로 인해 지출되는 부당비용을 제거함으로써 어업경쟁력 저하를 방지하는 것이다. 또한 실제 어업현장에서 이용되지 않는 어업허가를 등록하고 수협에서 관리함으로써 향후 어업정책을 수립할 때 귀중한 자료로 활용할 수도 있다.

어선의 톤수가 어획량이나 어획노력량과 어느 정도의 상관관계는 있을 수 있지만, 항상 비례적으로 변화하지는 않는다. 현실적으로 어군밀도나 가격이 어획노력량을 증가시키는 중요한 요인이다. 이런 점에서 어업허가 제도는 관리의 효율성을 높이는 방향으로 개선하고 다음과 같이 보완될 필요가 있다.

첫째, 어선허가 및 신고 등에 관한 규칙 제11조 2항 9호의 '같은 어선으로 두 종류 이상의 어업허가를 분리하여 다른 어선으로 허가를 신청하는 경우' 허가할 수 없도록 한 규정을 완화하여 기존어선의 톤수를 증가시키는 데 활용할 수 있게 해야 한다. 둘째, 제18조의 허가변경에서 허가건의 일대일의 변경을 완화하여 이 역시 기존선의 증톤에 활용하게 하면 앞에서 언급한 어업허가 제도의 문제 해결에 도움이 될 수 있다. 셋째, 어업의 상황변화에 따라 어장에 재진입하는 것을 방지하고 어획노력량을 줄이도록 유도하여 어업허가 제도가 어업관리의 효과적인 수단이 될 수 있도록 해야 할 것이다.

3) 금어기 설정

(1) 현황

근해어업은 법령으로 조업기간을 지정하고 있지는 않지만, 일부 어종을 대상으로 금어기를 설정하여 그 기간에는 수산 동식물의 포획을 금지하고 있다. 금어기는 일정기간 조업을 금지시켜 어업자원을 보호・육성하려는 것으로 전통적 어업관리 방법의 기술적 수단이다. 우리나라는 주로 산란기를 중심으로 금어기를 설정하고 있다. 1963년 수산자원보호령이 제정될 때 은어와 대구를 포함하여 19종의 어류에 대하여 금어기를 지정하였다. 그 후 다섯 차례에 걸친 개정을 통하여 금어기를 신규로 지정하거나 폐지하였다. 현재는 수산자원보호령 제11조(수산동식물의 포획, 채취금지기간)에 어류 11종, 갑각류 8종, 패류 7종, 해조류 9종, 기타 2

종에 대해 금어기가 지정되어 있다.

꽃게의 금어기는 1974년 수산보호령 개정 당시 전체 수역에서 7월 1일부터 8월 31까지로 처음 설정되어 시행되었다. 2008년 1월 지역별로 꽃게의 산란기가 다르다는 이유로 수산자원보호령을 개정하였다. 충청남도와 전라북도 수역을 경계선으로 하여 북쪽 수역은 7월 1일부터 8월 31일까지, 남쪽 수역은 6월 1일부터 7월 30일까지로 설정하였다. 하지만 근해어선의 경계선 이동조업 문제 및 연안어선들의 불만이 제기되어 6개월 만에 재개정되었다. 지금은 서해 일부 해역을 제외한 전 해역에서 6월 16일부터 8월 15일까지를 금어기로 설정하였다. 아래의 〈표 1-10〉는 꽃게 금어기의 조정현황을 나타낸 것이다. 〈표 1-10〉에는 금어기가 설정된 연도와 금어기 설정 기간 및 내용이 1974년 이후 수역에 따라 각각 다르게 설정되었음이 반영되어 있다.

〈표 1-10〉 꽃게 금어기 조정 현황

법 개정년도	금어기(기간)
1974	전 수역 6월 1일~8월 31일 최초로 설정
1996	서해 7월 1일~9월 15일, 일반 6월 16일~8월 31일
1998	7월 1일~8월 31일
2008. 1	6월 1일~7월 30일과 7월 1일~8월 31일 두 수역으로 구분
2008. 7	6월 16일~8월 15일 (일부수역제외)

자료출처 : 수산자원보호령

(2) 문제점

금어기는 어업활동을 규제하는 우리나라의 어업관리제도 중에서 비교적 통제력과 준수율이 높을 뿐 아니라, 규제에 관한 어업인들의 인식수준이 높다. 금어기에 선박의 입출항 신고 제도를 위반하여 불법어로 행위를 하다가 발생한 해난사고는 선박소유자에게 큰 부담이 된다. 따라서 웬만한 경제적 이익이 예상되지 않는 한 금어기의 불법조업은 어렵다.

꽃게의 금어기는 산란기의 암게와 치어를 보호할 목적으로 지정되었기 때문에 어획노력량을 제한하는 것이 금어기 설정의 주된 목적은 아니다. 우리나라 서해안에서 경제성이 있는 꽃게의 성어기는 4월~5월, 9월~11월이다. 즉, 1년 중 금어기 2개월을 제외한 10개월 중 절반인 5개월만 경제성이 있고 나머지 절반 동안은 경제성이 없는 조업으로 자원을 낭비하고 있는 상황이다.

근해어업은 출어준비에 일시적으로 많은 자금이 투입되며, 출어과정 및 자본구조가 연안어업과 다른 형태로 나타난다. 근해어업은 연안어업에 비해 금융부채의 비율이 높고 공제비용과 보수유지비 등의 고정비가 조업여부에 관계없이 지출된다. 그리고 선원구성에 많은 선불금이 지불된다. 이런 까닭에 일단 조업을 시작하면 어기의 중간에 조업을 중단하기가 어렵다. 경우에 따라서는 경제적 논리나 어업관리와는 무관하게 무리한 조업이 이루어지기도 한다.

최근 서해안 일부 어업인들과 관계기관 담당자들의 토론회에서 꽃게의 금어기 연장과 조업기간 단축에 따른 휴어 직불제 및 금융지원책 등에 관한 문제가 제기되었다.[46] 금어기가 효과적인 제도라고 하여 단순하게 생태학적인 접근 또는 관리 편의적으로 금어기의 기간만 연장하는 것은 우리나라 어업 현장을 도외시한 판단이다. 이는 어업환경 변화에 따라 어업관리가 적절하게 대응하지도 못하고 결국 불법어업을 조장하여 관리의 사각지대만 양산하는 결과가 될 수 있다.

(3) 방안

어종별로 어획량을 규제하기보다는 어획노력량에 대한 규제를 기본으로 하는 우리나라의 어업허가 제도에서는 한 어선이 여러 어종을 포획할 수 있다. 우리나라는 어종들마다 금어기가 다르기 때문에 모든 어선

46 국립수산과학원 서해연구소, 「어업자원의 조사평가결과 발표 및 어업인과의 토론회 개최」, 『최신수산동향』(2008).

들의 입출항이나 조업을 일일이 규제할 수 없다. 꽃게 성어기에는 서해안의 연안어선 다수가 꽃게를 포획하고 있다. 또한 서해안에 있는 어촌 대부분이 양륙항으로 이용될 수 있다. 이런 현실에서 경제성이 있는 어자원에 대해 금어기간을 연장하여 규제하는 것은 그 비용이나 효율성 면에서 비현실적이며 사실상 불가능한 방안이다.

금어기간을 조정하거나 연장하기보다는 조업기간을 어업인 스스로 결정하도록 위임하는 것이 바람직한 방법이 될 수 있다. 경제성이 없는 어로기간에는 조업을 금지함으로써 자원낭비를 방지할 수 있다. 조업금지 기간에는 일정한 절차를 거쳐 휴어하도록 유도하고, 휴어기간에 대한 손실을 정부나 관계 기관에서 지원하고 그 관리를 어민단체에 위임한다면 효율적인 조업기간 단축효과를 기대할 수 있을 것이다.

4) 망목網目 규제

(1) 현황

망목(그물코, Mesh Size)의 크기는 그물감이 늘어나지 않는 한도 내에서 그물코가 닫힐 정도로 뻗쳐 놓고 마디의 중심과 중심 사이의 길이를 측정하여 표시한다. 망목의 크기는 '미리(mm)'로 표시하는 방법과 15.15cm(5치) 사이에 있는 마디의 수를 계측하여 '절節'로 표시하는 방법이 있다.[47] 꽃게 통발에 사용하는 망목의 크기는 수산자원보호령 기준으로는 65mm(6절에 가까움)이지만, 실제 어업에서 사용하는 것은 35mm(10절에 가까움)이다. 그물을 제조하는 대부분의 공장에서는 절수節數를 기준으로 그물을 생산하기 때문에 법에서 표시하고 있는 '미리(mm)' 단위의 그물을 구하기는 쉽지 않다. 꽃게를 포획하기 위한 통발어구의 망목은 대부분

47 김대안 · 고관서, 『어구학』(교문출판사, 1985), 68쪽.

10절(35mm)을 사용하고 있다.

(2) 문제점

앞의 제3장에서 꽃게통발 사용의 문제에 대하여 언급한 바와 같이, 정부는 지금까지 사용된 사실도 없고 제조되지도 않은 통발그물의 규격을 미리 설정한 다음 사전연구도 없이 망목의 크기를 규정하였다. 이런 제도적 허술함 때문에 망목규제와 관련된 정부 정책이 신뢰를 잃고 있을 뿐 아니라 어민들의 불만 또한 가중되고 있다.

그물을 이용하여 어획하는 경우, 꽃게처럼 체장이 불균형하고 체형이 뾰족하여 서로 얽히는 어종은 얽애어구류를 사용하는 것이 상식이다, 하지만 꽃게통발 그물은 구조적으로 꽃게를 얽기가 불가능하다. 만약에 그물코를 이용하여 꽃게를 어획한다면 통발어업은 걸어구류로 분류되어야 한다. 통발 그물코의 기능이 어법상으로는 전혀 다르지만 걸어구류의 자망 어구 그물코와 같은 용도라고 가정하면, 망목 65mm 통발의 그물코에 잘 꽂히는 꽃게 몸체의 단면을 원형이라고 간주해도 최대 두흉갑장은 약 47mm 정도이다.[48]

〈표 1-11〉에 제시된 것처럼 우리나라 꽃게의 주요 어장인 충남 태안군 신진도 인근 해역에서 망목 35mm, 50mm, 65mm의 통발을 설치하였다. 망목선택성 분석을 위한 시험조업에서 어획된 꽃게 1,033마리 중 두흉갑장이 47mm에 근접하는 꽃게는 거의 없었다. 꽃게 통발의 적정 망목은 망목곡선의 50%, 선택점의 값이 2.04로 꽃게의 최소 성숙체장 110mm의 적정 망목은 54mm라고 추정하였지만,[49] 이것은 망목선택성에 관한 이론으로 통발에서 그물코가 가지는 역할을 충분하게 설명하고 있

48 일반적으로 연어나 송어를 잡는데 사용되는 유자망의 그물코의 크기는 몸통둘레의 2.2배로 계상한다. 유자망 그물코 계산방식을 응용하면, 꽃게의 몸 둘레는 그물코 65mm일 경우에 지름이 약 47mm이다[김대안 · 고관서, 앞의 책(1985), 282쪽].

49 백승남, 「꽃게 통발의 망목선택성」(군산대학교 석사학위논문, 2006), 12쪽.

지는 않다.

〈표 1-11〉 꽃게통발망목별 갑폭별 어획 꽃게수

갑폭등급 (C.W., mm)	Mid size (C.W., mm)	35mm	50mm	65mm	Total
120	115	2	1	1	4
130	125	18	14	8	40
140	135	72	52	44	168
150	145	146	64	73	283
160	155	93	97	92	282
170	165	66	61	63	190
180	175	17	22	15	54
190	185	3	7	2	12
	Total	417	318	298	1,033
	Mean	52.12	39.75	37.25	

자료출처 : 백승남(2006), 주) 48의 논문 : 7
갑폭(CW) 115mm 의 두흉갑장(mm), 암컷 0.45CW + 0.36 = 52mm
수컷 0.46CW + 0.15 = 53mm[50]

〈표 1-12〉에 제시된 바와 같이 수산자원보호령에 명시된 포획금지 체장인 두흉갑장 64mm 이하의 꽃게가 망목 35mm 통발과 망목 65mm 통발에 각각 전체 어획량 대비 22.07%와 17.79%로 두 망목에서 약 4% 정도밖에 차이가 나지 않는다. 특히 두흉갑장이 약 62mm(갑폭 135mm)인 꽃게가 전체 어획량의 17.79%에 이르는 것으로 보아 망목의 크기가 치어의 탈출에 결정적인 요인이 아닌 것으로 추정된다. 망목 65mm 통발의 어획능력이 망목 35mm 통발의 71% 정도인 것을 감안하면, 망목 65mm 통발은 치어 보호에는 큰 효과가 없으며 오히려 경제성에서 뒤져 어획노력량의 증대를 야기할 것이다.

50 김봉안 · 김상근, 「서해산 꽃게의 어업생물학적 연구」, 『국립수산진흥원 연구보고』 13호(1974), 70쪽.

〈표 1-12〉 망목별 포획금지 꽃게(두흉갑장64mm) 어획수 및 비율

구 분	망목 35mm	망목 50mm	망목 65mm
망목별 총 어획수(마리)	417	318	298
갑폭 135mm(갑장65mm)이하 어획수	92	67	53
갑폭 135mm이하 비율(%)	22.07	21.06	17.79

자료출처 : 〈표 1-11〉 자료

이와 같은 시험조업 분석결과보다 더 중요한 것은 어업관리 제도의 규제순응에 관한 문제이다. "규제순응 이론의 진화 과정 중 최근 연구는 피 규제자들의 감정이나 요구를 고려하는 절차적 정당성 이론에 초점이 모아지고, 특정규제가 시행목적과 부합되지 않거나 어업인들로 부터 그 필요성에 대한 공감이 어렵고 현실적이지 못할 경우에는 강력한 반발 및 저항에 부딪혀 규제순응의 수준이 심각하게 저하될 수 있다"고 한다.[51] 꽃게통발의 망목규제는 규제설정의 절차적인 정당성이 미흡할 뿐만 아니라 어업인들이 망목규제의 현실성과 필요성에 대해 공감하지 않고 있는 것이다. 따라서 망목규제는 규제순응이라는 측면에서도 문제가 많은 제도이다.

(3) 방안

정부가 설정한 규제에 대해서는 감시·감독이 엄격하고 처벌이 일관성 있게 집행되어야 하지만 현실적으로 그렇지 못하다. 정부의 규제가 제대로 집행되지 못하는 까닭은 그것이 어업인들로부터 공감을 얻지 못하기 때문이다. 이처럼 규제순응이 확보되지 않은 상태에서 규제를 집행할 경우 정책의 신뢰성과 정당성이 훼손되는 것은 물론 어업관리의 목표 달성도 어렵다.

51 이정삼 외, 『어업관리제도의 규제순응에 관한 비교연구』(한국해양수산개발원, 2007), 18쪽.

〈사진 1-4〉 꽃게통발의 구조

통발의 어획성능 향상을 위한 여러 연구에서 나타난 바와 같이,[52] 현재 어업현장에서 사용 중인 꽃게통발은 꽃게의 접촉율에 비해 입롱률入籠率이 높지 않을 뿐 아니라 일단 통발 안으로 들어온 꽃게도 일부는 자유롭게 통발을 빠져나가고 있다. 망목의 크기와 관계없이 어린 꽃게가 비슷한 비율로 포획되는 원인도 미끼가 통발 내에 있을 때는 꽃게가 통발 내에 머물다가 통발을 양망하는 순간에 포획되기 때문이다.[53]

요컨대, 꽃게통발의 망목규제는 치어의 보호에는 크게 효율적이지 않을 뿐 아니라 어업관리의 목적과도 잘 부합되지 않는다. 결국 어업인 스스로가 미성숙 개체를 방류하고 포란한 암게를 포획하지 않는다는 자발적인 협약을 하고, 협약된 사항의 준수와 관리를 어업인 단체에 위임하는 것이 하나의 대안일 수 있을 것이다. 정부는 어업인들의 협약 내용과 이행에 대한 관리기능을 제도적으로 마련하고 감독한다면 오히려 어업관리의 효율성을 높일 수 있다고 판단된다.

5) 어구개수 규제

(1) 현황

통발의 사용개수는 '어업허가 및 신고에 관한 규칙'으로 제한하고 있

52 김대안 · 고관서, 「통발어구의 어획기구 및 개량에 관한 연구」, 『한국수산학회지』 20(4)(한국수산학회, 1987), 348~354쪽; 부경대학교, 『자원관리형 자망, 통발 어구어법 기술개발』(해수부 용역조사, 2004), 52쪽.

53 장호영 외, 「서해구 자원관리형 자망, 통발 어구어법 기술개발에 관한 연구」, 『한국어업기술학회지』 39(1)(한국어업기술학회, 2003), 61쪽.

다. 여기에는 선박의 규모에 따라 40톤 이상은 5,000개, 20~40톤급은 3,500개, 20톤 미만은 2,500개를 선박에 싣거나 사용하여야 한다고 명시되어 있다. 하지만 서해에서 조업하는 근해 꽃게 통발어선은 최소 10,000개에서 최대 30,000개 정도의 통발을 수중에 부설해 놓고 있다.

선박에 통발을 싣는 횟수나 부설된 통발의 개수에 대한 제한이 없는 상태에서 정부의 통발 사용개수에 대한 앞의 규제는 그 제정부터 터무니없는 것이라 할 수 있다. 통발을 사용한 어로방법은 꽃게를 포획하는 2~3개월을 제외하고는 대부분 일정한 수역에 고정적으로 부설하고 정치하여 쥐노래미나 고동 등을 포획한다.

(2) 문제점

'어업허가 및 신고에 관한규칙'에서 규정하고 있는 통발의 개수는 사용량이 아니라 선박들이 1회에 적재할 수 있는 단순한 수량이다. 자원관리와 규제의 최종 목적은 지속가능한 어업으로 볼 수 있지만, 어업인들의 최대목표는 경제적 수익이다. 따라서 통발개수를 제한하는 목표가 단순히 자연보호가 아니라면 규제에 따른 타당성과 경제성 검토는 필수적이다. 어업인들은 어황이 저조할수록, 그리고 어자원의 밀도가 감소할수록 오히려 어구개수를 늘리거나 조업시간을 늘려 어획노력량을 증가시키려는 경향이 있기 때문이다.

통발 개수를 제한하고 있는 규정은 실제 조업현장에서 조사되거나 연구된 결과물이 아니다. 현장보다는 이론 중심으로 또는 행정 편의적으로 만들어진 어구개수의 제한과 규제에 관한 사항이기 때문에 그 규정이 자연보호와 지속가능한 어업에 어떤 영향을 미치는가는 정확히 알기 어렵다. 그럼에도 불구하고 통발개수를 제한해서 명시한다는 것은 어불성설이다.

꽃게의 입롱률을 분석한 연구결과에 따르면, 꽃게는 통발을 투하한 다음부터 서서히 통발에 들어오다가 30분 정도에 최고치에 이른다고 한다. 그 이후에는 통발에 들어오는 비율이 점차 감소하는 것으로 나타났다.[54] 이런 현상은 미끼의 냄새로 어류를 유인하는 통발어법의 특성이다. 통발이 투하되는 시점에서 시간이 경과할수록 조류의 흐름에 의해 미끼의 냄새가 급격하게 옅어진다. 후각에 의해 미끼를 찾는 어류가 일정한 시간이 경과한 후에는 주위에 확산된 냄새 때문에 통발이 있는 곳으로 유인되지 않는 것이다. 이것은 통발이 정치성 어구로서의 기능이 매우 취약하다는 것을 나타내 준다.

결국 많은 개수의 통발을 부설하여 침지시간을 길게 하는 것은 어획에 효과적이지 못하고 경제적이지도 않다. 그럼에도 불구하고 통발 어업인들이 통발개수를 많이 사용하려는 이유는 고정비용은 기본적으로 선투자되기 때문에 이를 회수하기 위해 수익을 최대화하려는 선택에서 비롯된다. 어업 현장에서는 통발을 많이 사용하면 할수록 소득이 늘어난다는 것을 당연한 '정설'로 받아들이고 있다. 어획노력을 증대하면 생산량은 일정 부분 비례하여 증가하고, 수입도 증가율에서 차이가 있지만 어느 정도는 증가한다.

이런 어업인들의 관행과는 별도로 정부와 관계 기관에서는 어구제한을 강력하게 시행할 것이라고 홍보하고 있다. 실제로 2008년 8월에는 통영항에 출어 대기 중인 근해 통발어선의 통발 적재개수를 단속하였다. 79톤급 기타통발 어선에 적재하는 통발 5,000개는 11톤 화물 자동차 5대 분량이며 10명의 숙련된 선원이 탑재하는 데도 2일이 소요된다. 또한 선박의 적재장소가 불규칙하여 낱개로 세지 않으면 숫자를 제대로 확인할 수 없다. 더구나 수중에 부설되어 있는 어구는 부설한 당사자도 쉽사리 찾아내기 어렵다. 따라서 엄정한 단속만으로는 이 제도를 정착시키는 것은 불가능한 일이다.

54 김대안 · 고관서, 앞의 책(1985), 349쪽.

(3) 방안

어구개수와 사용에 관련된 규제를 엄격하게 단속하기보다는 어업인의 자발적인 참여를 유도하는 것이 이 제도의 정착에 더 바람직한 방안이 될 수 있다. 정부는 규제단속에 투입할 비용을 절감하여 인원절감을 위한 자동화 설비, 어구의 어획 성능향상, 조업방법의 개선 등에 기술적·재정적으로 지원해야 한다.

정부의 규제단속과는 별도로 2008년 1월 10일 근해통발수산업협동조합은 간담회를 개최하였다. 간담회에서는 장어통발 조합원을 대상으로 선원 10~11명이 승선하여 통발 12,000개~14,000개를 사용하는 장어통발 업계의 관행을 정부의 관련법규에 맞추기 위해 승선원을 8명으로 줄이고 통발사용량을 7,000개로 줄이는 방안이 논의되었다. 어업인들은 공급량이 축소하면 어가魚價가 상승될 것이라는 주장과 선원을 축소하면 고용비용이 절감될 수 있다는 간담회 주최 측의 설명에 공감하였다. 이에 어업인들은 통발사용량 축소와 승선인원 제한을 스스로 준수할 것을 약속하였다.

그러나 간담회가 개최된 지 1년 정도가 지나자 대부분의 어업인들은 예전의 작업형태로 다시 회귀하였다. 왜냐하면 현실적으로 통발을 7,000개만 사용한다는 것은 경제성이 떨어질 뿐 아니라 제한개수 이상으로 통발을 사용해도 아무런 제제가 없고 오히려 상대적으로 많은 수익을 올렸기 때문이다. 이런 사례를 두고 볼 때, 정부는 어업인들의 수익을 보전할 수 있는 방안을 제시해야 한다. 관련 어업단체가 어구사용에 대한 단속권한을 정부로부터 위임받아 자율적으로 규제하는 것이 어구개수를 줄일 수 있는 현실적이면서도 효율적인 대안이 될 수 있을 것이다.

5. 꽃게 통발어업의 도약을 위하여

대부분의 사람들은 흔히 어선어업을 사양산업斜陽産業이라고 일컫는다. 심지어 학계나 전문가 집단뿐 아니라 어선어업에 종사하고 있는 사람들 역시 스스럼없이 어선어업은 사양산업이라고 말하고 있다. 농업은 국가의 기간산업으로 또는 국가안보적인 차원에서 보호의 대상으로 인식되고 있다. 하지만 수산업은 국가 경제에 대한 비중이나 인구수 등에서 볼 때 관심의 대상에서 소외되어 있는데다 국제무역에서도 걸림돌로 간주되어 어업인들이 생존대책을 요구하면 구조조정을 해버리는 실정이다. 최근 정부가 주무 부서였던 '해양수산부'마저 폐지하고 수산업협동조합의 개혁방향도 어민지원을 강화하기보다는 조합의 관리기능을 강화하는 데 역점을 두고 있어 수산업의 향방은 불투명하다.

한·중 어업협정 이후 꽃게를 주업으로 하던 꽃게 통발어업은 최고일 때 200여 척이던 어선이 2007년도에는 50여 척으로 대폭 축소되었고 2010년까지는 30%가 더 감척될 예정이다. 우리나라의 꽃게 어획량이 줄어들면서 중국과 세계 각국에서 꽃게가 수입되고 있고 꽃게의 가격은 몇 년째 제자리걸음이다. 한국의 꽃게 통발어선이 주요 조업지였던 동중국해 어장에서 중국어선에 밀려 연안어장으로 쫓겨 왔으며, 대량생산을 위해 건조되고 고가의 설비가 장착된 근해 통발어선들은 좁은 연안어장에서 경쟁력이 없어 대량 파산하는 사태까지도 경험하였다. 결국 양질의 선원들은 업계를 떠나게 되었고 그로 인해 선원수급에 많은 문제가 발생했다.

하지만 최근 들어 긍정적인 변화가 나타나고 있다. 첫째, 지난 3년간 꽃게의 어획량이 회복세를 보이며 2009년에는 업계 사상 최고의 풍어를 기록하였다. 둘째, 서해안의 지방 자치단체들이 경쟁적으로 꽃게 치어방류사업에 참가하고 있다. 셋째, 중국어선의 남획과 환경변화 등으로 동중국해에서의 꽃게 어획이 부진하고 중국의 경제발전으로 꽃게 수요가 증가하면서 중국으로부터의 꽃게 수입이 줄어들어 국내 꽃게의 가격이 상승하고 있다. 넷째, 선원의 수급문제가 외국인 선원고용으로 어느 정도 해결되고 있다. 다섯째, 어자원 회복과 조성에 가장 심각한 문제였던 과다한 어획노력량도 대대적인 연근해 어선의 감척사업을 통해 개선되고 있다.

이런 국내외적인 상황변화는 최고 어획만을 지향하던 과거의 관습적인 어업경영에서 벗어날 것을 요구하고 있다. 한마디로 경제적인 어획활동, 품질우선의 생산, 고부가가치를 창출할 수 있는 제품개발, 시장에서 소비자의 신뢰 확보를 위한 공급전략, 유통에 적합한 제품생산 및 품질의 규격화, 중국을 포함한 글로벌 시장에 대한 마케팅 강화 등을 경영목표로 삼아야 한다는 것이다.

이를 위해서는 먼저 어업생산이 예측 가능하고 계획적인 생산이 가능하도록 안정화되어야 한다. 그 방법은 적절한 어업관리정책의 수립과 효율적인 어업관리를 통하여 어자원량을 증대시키면서 체계적이고 지속적으로 관리해야 한다. 그러나 우리나라의 어업관리는 어업 전반에 걸쳐 많은 것을 규제하고 있어 어자원의 보호에는 그다지 효과적이지 못한 것이 현실이다. 어업관리의 이런 문제점은 정부주도의 어업관리의 한계와 비효율성에서 기인한다. 세계 주요 어업 국가들의 어업관리 실태도 우리나라와 유사한 상황이지만, 그들은 이를 극복하기 위한 방안으로 정부와 어업 관련자들이 어업관리에 함께 참여하여 권한과 책임을 공유하면서 공동으로 어자원을 관리하는 협동관리를 도입하여 어업관리의 효율성을 높이기 위해 노력하고 있다.

꽃게 통발어업과 꽃게 자원의 관리에 중요한 영향을 미치는 어업관리제도로는 감척사업, 어업허가 관리, 금어기 설정, 망목규제, 어구개수 규제 등을 대표적으로 꼽을 수 있다. 이들 다섯 가지 어업규제를 통해 우리나라 어업관리의 문제점을 파악하고 그 문제점을 해결하는 방안으로 협동관리를 제시하고자 한다.

첫째, 감척사업에서 많은 어선을 감척하고도 어획노력량의 감축 효과가 크지 않다는 것이다. 이런 현상이 발생하는 가장 큰 원인은 감척 대상자 선정에 문제가 있기 때문이다. 이를 보완하는 방법으로는 대상자 선정과정에서 어민단체를 참여시키는 것이다.

둘째, 어업허가 관리에서 멸실된 어선의 허가 및 한 척의 어선이 여러 개의 어업허가를 보유하고 있는 등의 문제점으로 인해 어획량 관리제도의 정착이 어렵다. 어업허가의 효율적인 운영을 위해서는 어업허가에 대한 관리 권한을 어민단체에 위임하는 협동관리 방안이 도입되어야 한다.

셋째, 금어기는 어민들이 비교적 잘 순응하고 있는 제도이기는 하지만 단지 기간만 연장해서는 효과적이지 못하다. 오히려 경제성이 없는 기간에 어민들이 자율적으로 휴어를 하고, 휴어기간의 어민 손실을 정부가 보전해주는 방법을 강구해야 할 것이다. 아울러 휴어기간, 휴어선 감독, 대상 어선선정 등의 관리 권한을 어민단체에 위임하고 그 실태를 지방정부가 감독하도록 해야 한다.

넷째, 한 척의 어선이 여러 종류의 어류를 포획하면서 어종별로 망목의 크기를 다르게 사용하도록 규정한 망목규제는 어업 현실에 적합하지 않다. 망목의 크기를 규제하는 것은 치어를 보호하는 것이 목적이므로 정부와 어민단체가 치어보호를 위한 협약을 하고 어민단체에게 단속의 권한과 책임을 지게 하는 방법으로 협동관리를 해야 한다.

다섯째, 통발어업의 어구개수는 어획노력량의 핵심적인 부분이다. 하지만 어구개수의 제한과 단속만으로는 수중에 부설되어 있는 어구를 줄일 수 없다. 작업방법 개선을 통한 경비절감, 어구성능 개발을 통한 단위 노력당 생산성 향상, 자동화 설비개발을 통한 인원 감축 등을 통해 어획노력량을 감소하면서도 소득을 증대할 수 있는 방안이 마련되어야 한다.

또한 어획노력량을 감소하면서 소득을 향상시키기 위해서는 자동화 설비와 어구의 개발이 필수적이다. 자동화 설비와 어구 개발에는 많은 자금 및 기술과 노력이 투입된다. 따라서 정부 차원의 지원과 어업단체의 참여가 절대적으로 필요하다. 어업관리를 위한 이런 모든 노력과 과정은 정부, 연구기관, 어업단체, 어업인, 어업관련 종사자 및 지역사회가 참여함으로써 효과를 극대화할 수 있으며, 이것이 협동관리의 시작과 끝이라고 할 수 있다.

꽃게 통발 어업인들은 정부, 지역자치단체, 연구기관, 어업단체와 협동관리적인 공조와 참여를 통하여 치어방류사업과 해외 신어장 개척에서 성공적인 결과를 얻은 경험이 있다. 이것은 협동관리가 이론적인 개념이기보다는 어업현장에서 이루어지고 있는 일상이며, 기존 어업관리 제도들의 문제점을 해결할 수 있는 실천 가능한 대안임을 보여주는 실례라고 할 수 있을 것이다.

제2부

한·중 어업협정 이후 꽂게 통발업계의 어업관리

1. 국제 해양질서의 변화

인류의 역사에서 해양 및 해양 자원의 중요성은 많은 문헌과 유적을 통하여 증명되고 있다. 최근 들어 해양의 중요성은 국가적 차원의 자원 확보와 영토 확장이라는 측면에서 더욱 강화되고 있으며 이전과는 다른 해양질서가 구축되고 있다. 새로운 해양질서는 표면적으로는 해양자원의 보호와 효율적인 자원 관리 및 이용을 주장하면서 탄생되었다. 하지만 그 이면에는 연안국가들이 해양강국 혹은 자원강국으로 나아가기 위해 해양주권을 확대하려는 국가적 이해관계가 자리 잡고 있다.

국가 간의 이해관계가 첨예하게 대립되고 있는 가운데 탄생된 새로운 해양질서는 연안국의 해양 관할권 확대를 특징으로 하고 있다. 전통적인 해양질서는 강대국 위주의 3해리 영해제도와 공해자유의 원칙에 입각한 체제였다. 해양 강대국은 전통적인 해양질서와 해양자유를 고수하려고 했지만 약소 연안국은 자국의 연안에 대한 규제권을 강화하고자 노력하였다. 이처럼 상반된 이해관계를 가진 해양 강대국과 약소 연안국들이 국제적 타협을 통해 도출한 산물이 바로 '유엔해양법협약'이다.[1] 유엔해양법협약에 따라 배타적 경제수역(EEZ, Exclusive Economic Zones)이 설정되면서 국제적으로 새로운 해양질서와 환경변화가 나타났다.

EEZ이라는 개념은 1971년 제12차 아시아·아프리카 법률자문회의에서 처음으로 등장하였다. 1973년 제3차 유엔해양법회의에 EEZ가 안건으로 상정되어 유엔해양법협약에 포함되었다. 유엔해양법협약은 1982년 4월 체결되어 1994년 11월 16일 발효되었다. 유엔해양법협약은 연안국으로 하여금 기선으로부터 최대 12해리 영해 및 200해리 EEZ를 설정할 수 있도록 하고 있다. 또한 대륙붕을 최대 350해리까지 설정할 수 있도록 함으로써 연안국의 해양 관할권을 질적·양적으로 확대할 수 있도록 제도적으로 보장하고 있다. 유엔해양법협약은 인류공동의 유산 개념에 입각하여 심해저에 대한 국제적 관리 체계를 마련하고 해양분쟁의 강제적 해결제도를 설치하는 등 새로운 국제 해양질서를 확립하고 있다.[2]

유엔해양법협약이 체결됨으로써 연안국은 영해기선으로부터 200해리까지 해수면, 해저 및 그 하층토 자원 등의 관리, 탐사, 개발, 보존에 대한 배타적 권리를 갖게 되었다. 유엔해양법협약이 체결되자 세계 각 연안국들은 경쟁적으로 EEZ를 주장하였다. 유엔해양법협약 발효 이후 총 151개 연안국 중 122개국이 200해리 EEZ를 선포하였다.[3] 한국과 일본은 1996년에, 중국은 1998년에 각각 EEZ를 선포하였다. EEZ가 선포되면서 한국의 연근해어업은 많은 변화를 겪었다.[4]

국제적인 해양질서의 변화와 함께 한국은 서해의 어자원 관리 및 이용을 두고 중국과 어업협상을 시작하였다. 1998년 11월 11일 제19차 회의에서 협상이 타결되어, 2001년 6월 30일자로 한·중 어업협정이 발효되었다. 1996년 EEZ 선포 이후 한국정부는 일본에게는 소극적 전술을,

1 김종헌, 『해양과 국제정치』(부산외국어대학교 출판부, 2004), 17쪽.
2 원문철, 「한중어업협정에 관한 연구」(영남대학교 석사학위논문, 2003), 1쪽.
3 주진우, 『한·중·일 어업협상』(주진우 의원 백서, 1999), 9쪽.
4 김우수, 「EEZ 설정에 따른 연근해어업의 대응방안」, 『해양산업연구소보』 7(경상대학교 해양산업연구소, 1996), 1~7쪽.

중국에게는 조기타결을 전략으로 삼아 협상에 임하였다. 장기간에 걸친 협상을 통해 한・일, 한・중 어업협정이 체결되었다.[5] 하지만 정부는 어업협정의 내용부실로 인해 국민들의 지탄을 받았을 뿐 아니라 우여곡절 끝에 재협상까지 하는 등 국제 간 어업협정에서 미숙함을 드러냈다.

정부의 어업관리에서 제기된 문제는 어업협상 이후 관련 산업이 받게 될 충격에 대한 대책이 미비하다는 것이다. 또한 어업협정이 발효된 다음에도 감척사업을 제외하고는 국내 수산업을 보호 육성하기 위한 실질적인 대책이 없다는 점이다.[6] 국제 어업협정이 체결되면서 정부는 어업분야에 많은 자원을 투입하였다.[7] 그러나 어업을 비롯한 관련 산업 및 종사자들은 여전히 경제적으로 심한 타격을 받고 있다. 즉, 정부의 어업관리 정책은 국제 어업협정이 추구하는 어자원의 관리 및 보호와는 거리가 있다는 것이다. 다시 말하면, 어획노력량을 제한하는 것을 기본으로 하는 기존의 국가주도적인 어업관리 정책으로는 새로운 국제 해양질서에 대응하기에는 한계가 있다는 것이다.

2001년에 한・중 어업협정이 발효되고 2005년에는 과도수역이 EEZ에 편입되면서 근해 꽃게 통발어업의 어선세력과 어획량은 급감하였다. 이 기간 동안 우리나라 연근해어업의 갑각류 생산량도 대략 30~40% 감소하였다. 그 결과 근해 꽃게 통발어업의 주기지인 통영시는 경제가 침체되고 인구는 감소되고 있다.[8] 특히 어업협정이 통발업계에 미친 영향은 직접적이어서 많은 어업인들이 경제적인 손실을 입었으며 일부는 파산하였다. 정부는 이에 대한 대책으로 2007년부터 근해어선 감척사업을

5 김영구, 「한일・한중 어업협정의 비교」, 『외교』 62(한국외교협회, 2002), 84쪽.

6 김학기, 「신해양질서 개편에 따른 한・중 간의 어업협정이 국내 수산업에 미치는 영향」(한국해양대학교 석사학위논문, 2000).

7 2002년 근해어선의 감척비는 어선 164척(한・중 145척,한・일 19척)에 911억 원, 어선원 보상금액으로 1,804명에 147억 원, 그리고 어구 7척에 2억 원으로 총 913억이었다(한국개발연구원, 2002년 자료참조)

8 이승욱, 「지역산업위기에 대한 지역엘리트의 대응양식」, 『지리학논총』 46(서울대학교 국토문제연구소, 2005), 39~43쪽.

재개하였다. 꽃게 통발업계에 종사하던 사업자들이 경쟁적으로 감척을 신청하면서 현재 통발산업의 기반 자체가 붕괴 위기에 있다.

제2부에서는 한·중 어업협정 이후 꽃게 통발업계가 직면하고 있는 어업현실과 문제점을 파악하고자 한다. 그리고 급변하고 있는 국제해양 질서에 대처하기 위해 꽃게 통발업계에서 어떤 어업관리 대책을 마련하고 있는지를 분석한다. 또한 앞으로 꽃게 통발어업의 환경 친화적이고 지속가능한 발전을 위해서는 어업인, 어업인 단체 및 정부가 함께 어업관리를 이끌어가는 협동관리가 필요함을 제시한다.

2. 한·중 어업협정과 한국의 근해어업

1) 한·중 어업협정의 배경

한국과 중국은 한국전쟁 이후 정치적으로 적대 관계에 있었기 때문에 어업분야 역시 오랫동안 교류가 없었다. 하지만 중국의 정치적 개혁과 함께 개방정책이 시작되면서 민간 차원에서의 교류가 시작되었다. 1988년 한국의 수협중앙회와 중국의 동황해어업협회 사이에 '어선해상사고 처리에 관한 협의'가 조인되었다. 그 후 1993년 12월 제1차 한·중 간 어업실무자회의가 개최되었다. 이 회의에서 어업협정에 관한 논의가 시작되었지만 양측의 입장은 서로 대립되었다. 1994년 제2차 회의가 개최되면서 한국과 중국은 서해어업의 질서유지와 제도적인 장치를 마련하기 위한 구체적인 방안을 협의하였다.

하지만 한국과 중국은 1995년까지 전체적인 합의를 하지 못한 채, 일부 합의한 부분만을 단일안으로 작성하고 협의할 조항을 정리한 공동초안을 작성하였다. 1997년 9월부터 잠정조치수역에 관한 검토를 시작하였으며, 일정수역에 대해서는 예외적으로 잠정관리 제도를 도입키로 합의하였다. 1997년 12월 이후 장기교섭을 하였으나 진전이 없었다. 1998년 9월 양측이 과도수역 도입에 합의하고 양쯔강 수역 문제가 해결되면서 실무회담을 거쳐 교섭이 타결되었다. 마침내 2000년 8월 3일 한국과 중국이 어업협정에 정식으로 서명하게 되었다.[9]

한국과 중국은 1992년 수교 이후 정치, 경제, 문화, 농업 등 각 분야에서 활발한 교류가 이루어졌다. 그러나 어업분야에서는 제도적 장치가 없어 양측 간의 협력과 교류에 많은 문제가 있었다. 서해의 어자원을 둘러싸고 세계 최대의 어획국인 중국과 경쟁을 하던 한국은 중국어선의 남획으로 인해 자원고갈과 해상오염, 불법행위 등으로 피해를 당하는 입장이었다. 한·중 어업협정이 체결되면서 중국어선이 우리 영해에 근접하거나 침범하여 조업하는 행위를 봉쇄할 수 있게 되었다. 또한 가거도와 제주도 인근의 주요어장 대부분이 한국 측에 편입됨으로써 어입인의 권익을 보호할 수 있게 되었다. 한·중 어업협정으로 한국 영해의 어자원을 효과적으로 보호할 수 있게 되었던 것이다.[10] 하지만 동중국해 최고의 황금어장인 양쯔강 하구 수역을 상실하고 말았다.

한·중 어업협정에는 EEZ 내에서의 '생물자원의 허용어획량' 결정권은 당해 EEZ 연안국에 있다는 점을 강조하고 있다. 또한 연안국은 자국이 이용 가능한 최선의 과학적 증거를 고려하여 남획으로 인해 EEZ에서 생물자원의 유지가 위태롭게 되지 않도록 적절한 보존 및 관리 조치를 취해야 한다고 명시되어 있다.[11] 어업협정 제3조 제1항에는 각 체약당사자가 자국의 EEZ에서 타방 체약당사자의 국민 및 어선에게 허용되는 어획가능 어종, 어획 할당량, 조업기간, 조업구역 및 기타 조업조건을 매년 결정하고 이를 타방 체약당사자에게 통보해야한다고 규정되어

9 원문철, 앞의 논문(2003), 5~8쪽.
10 이영진, 「한일, 한중 신어업협정에 대한 평가와 전망」, 『법학연구』 11(충북대학교 법학연구소, 2000), 10~11쪽.
11 박용현, 「한·중 어업협정상 새로운 수역체제에 관한 연구」, 『법학연구』 22(한국법학회, 2006), 381쪽.

있다. 또한 동조 제2항에는 각 체약당사자가 제1항에 언급된 사항을 결정함에 있어서 자국의 EEZ 내 해양생물자원의 상태, 자국의 어획능력, 전통적 어업활동, 상호입어의 상황 및 기타 관련요소를 고려해야 하며 한·중 어업공동위원회의 협의결과를 존중해야 한다고 규정되어 있다.[12] 하지만 이 조항 준수에 중요한 기준이 되는 어자원량에 대한 당사국의 자원평가와 어업통계에 대한 신뢰성이 확보되지 못할 경우에는 문제의 소지가 될 수 있다.

한·중 어업협정 전문에 '한·중 양국은 1982년 12월 10일자 해양법에 관한 유엔협약의 관련규정에 따라, 공동관심사인 해양생물자원의 보존과 합리적 이용을 도모하고, 해상에서의 정상적인 조업질서를 유지하며, 어업분야에서의 상호협력을 강화 증진하기 위하여, 우호적인 협상을 통하여 합의'한다고 규정되어 있다. 하지만 양국은 자국 영해에서의 정확한 자원조사와 자원보존을 위한 노력은 게을리 한 채, 상대국 영해에서의 부정확한 통계량을 근거로 어선세력과 어획량의 균형을 맞추는 차원에서 입어를 허가하였다.

한·중 어업협정 이후 중국은 어업생산량과 어선 보유 총톤수가 증가하였다. 반면 한국은 생산량과 총톤수는 감소하였으나 어선의 총 마력수는 오히려 대폭 증가하였다.[13] 중국의 어선세력이 늘어나면서 중국어선이 한국의 EEZ 수역에 침범하는 사례가 증가하였다.[14] 또한 중국 연안의 어자원이 남획되는 현상이 심화되고 있다. 한·중 어업협정 이후 한국 측에서는 정부의 대대적인 감척정책으로 어선 수는 줄었지만 어선 단위당 규모는 오히려 증가하였다. 하지만 한·중 어업협정으로 인해

12 이상철, 「한·중 어업협정」, 『법제논단』(법제처, 2006), 25~26쪽.

13 박영병, 「한·중 어업협정 이후 한·중 수산업의 변화에 관한 연구」, 『수산경영론집』 38(1)(한국수산경영학회, 2007), 71~96쪽.

14 한·일 어업협정 이후에도 한국어선이 일본 수역을 침범하는 사례가 빈번하게 발생하여 외교적인 문제가 되기도 하였다.

어장이 축소되고 어선들이 경쟁력을 상실하게 되면서 많은 어업인들은 애로를 겪고 있다.

한편, 한 · 중 어업협정에서 설정된 '과도수역'은 세계의 어업협정 어디에서도 유래를 찾아볼 수 없는 독특한 제도이다. '과도수역' 설정은 한국과 중국 간의 타협의 산물이며 유엔해양법협약 정신이 잘 반영된 수역이기도 하다.[15] 과도수역 설정으로 중국은 자국의 수산업계에 미치는 충격을 완화할 수 있는 시간을 확보하였으며, 한국은 어업협정을 신속하게 타결하려는 목표를 달성하게 되었다. 과도수역은 어업협정 체결 후 4년이 경과된 2005년 7월 1일자로 당사국의 EEZ에 자동으로 편입되었다.

2) 한 · 중 어업협정과 근해통발어업

1999년을 기준년도로 하여 어업 생산량은 한 · 중 양국이 같이 감소하였고, 해양 동력어선 보유척수는 큰 변화가 없었다. 하지만 총톤수는 한국이 23.9% 감소하였지만 중국은 11.7% 증가하였고 총마력수는 양국이 같이 증가하였다. 한편, 척당 생산량은 한국이 감소하고 중국은 증가하였으며 톤당 생산량은 한국이 증가하고 중국은 약간 감소하였다.[16] 한국의 어업 생산량이 감소한 것은 자원량이 감소한 결과라기보다는 동중국해를 주조업지로 하던 한국의 근해어선 수가 감척으로 인해 대폭 줄어들었기 때문이다. 중국에 비해 어선세력이 절대적으로 약세가 되면서 중국어선들과의 경쟁이 어려워 출어를 포기한 것과 연관이 있다.

한 · 중 어업협정으로 직접적인 영향을 받고 있는 중국의 요녕성, 산

15 정해웅, 「한 · 중 어업협정상 과도수역의 소멸과 서해어업질서의 변화」, 『국제법 동향과 실무』 4(2)(외교통상부 조약국, 2005), 48쪽.
16 박영병, 앞의 논문(2007), 88쪽.

동성, 하북성, 천진시, 강소성 등의 어업 생산량은 어업협정 이전에 비해 7% 증가하였다. 이처럼 한・중 어업협정은 중국의 어업생산에는 긍정적인 영향을 미친 반면, 한국의 어업생산에는 부정적인 영향을 미친 것으로 판단된다.[17] 우리나라 서해 해역에서는 주업종인 근해안강망과 근해자망 등 근해어선의 50% 이상이 감소되었다. 근해어선 감척사업은 2010년까지 30%의 어선을 감축하는 것을 목표로 진행되고 있다. 어구의 수량 제한은 2007년 7월 1일부터 시행되었다. 〈표 2-1〉은 한・중 어업협정이 이루어진 과정과 내용을 근해통발어업과 관련하여 정리한 것이다.

〈표 2-1〉 한・중 어업협정 과정과 근해통발어업

일자	관련기관	추진 내역
1996. 3.15	수산청	EEZ선포 동향과 관련 어업대책 협의를 위한 준비자료 제출
1997. 5.15	해양수산부	어업실태 파악 자료 제출
1998. 3.30	해양수산부	21세기 통발어업 경쟁력 강화 방안 자료 제출에서 건의
1998. 5.27	해양수산부	한중어업 협상 대책회의 자료 제출
1998.11.16	해양수산부	중국주변 수역 조업실태 파악 자료 제출
1999. 1.24	각 정당	각 정당 국회위원 한일 어업 협정 피해조사 수협방문 시 건의
1999. 2.20		해양수산부장관 통영 방문 시 건의
1999. 3. 5	해양수산부	한중어업 협정 체결에 따른 중앙 대책위원회 건의
1999. 3.11	한나라당	한중어업협정 대책 간담회 건의 자료 제출
1999. 3.12	KMI	한중어업협정 피해대책 회의 자료 제출
1999. 3.18	국민회의	국회 농림해양수산분과 위원장 면담 건의서 제출
2000. 3.24	해양수산부	한중어업협상 관련 업종별 대표 간담회 건의

자료출처 : 근해통발수협

한・중 어업협정이 체결될 무렵 근해통발수협에 소속된 장어통발어업

17 위의 논문, 89・93쪽.

은 어획량의 약 60%를 동중국해와 인근 해역에서 어획하고, 기타통발어업은 어획량의 거의 100%를 동중국해와 인근 해역에서 어획하고 있었다. 근해통발업계는 한·중 어업협정이 체결되면서 직접적인 피해를 입게 되었다. 이에 근해통발업계는 여러 경로를 통해 정부와 관계기관에 건의서를 제출하였으며, 또한 관계기관을 직접 방문하여 대책 마련과 함께 피해를 최소화하고자 노력했다.

근해통발업계의 가장 큰 피해는 한·중 어업협정으로 양쯔강 연안의 꽃게 어장을 포기해야 했던 것이다. 문제는 양쯔강 어장을 대체할 만한 꽃게 어장이 없다는 점이다. 꽃게 통발어업인들은 어업협정으로 단순히 어장규모가 축소되었다는 사실보다는 꽃게를 생산하던 주 어장을 내주었다는 상실감이 더욱 컸다. 〈표 2-2〉는 한·중 어업협정 이전 꽃게 통발어업을 비롯한 근해통발어업의 주 어장을 표시한 것이다.

〈표 2-2〉 중국 주변수역 근해통발 어업 현황

단위 : 톤, 억원

구분	포획대상물	조업 구역	생산 현황	
			생산량	어획고
장어통발어업	붕장어 먹장어	N32도-N36도, E128도-E133도 : 우리나라 동남 해역 및 서 일본 수역 N30도-N34도, E122도-E127도 : 동중국해	24,000	1,250
기타통발어업	꽃게, 기타잡어	N30도-N34도, N121도-N128도 : 동중국해	50,000	1,280

자료출처 : 근해통발수협(2003. 3)

한·중 어업협정 이후 동중국해 조업구역의 60%를 상실한 장어통발어업에 비해 동중국해 조업구역 전부를 상실하게 된 꽃게 통발어업이 더 심한 타격을 받을 것으로 예상되었다. 〈표 2-3〉은 한·중 어업협정으로 근해 통발업계가 예상한 피해규모를 나타낸 것이다. 도표에 명시되지는 않았지만 어업생산량 감소는 어업을 기반으로 하고 있는 산업 전체에 심각한 영향을 미친다. 척당 손실액이 불어날수록 감척을 신청하거나 도산하는 어선이 증가될 수밖에 없다. 어선세력의 감소는 이들 어선들과 직간접적으로 연관을 맺고 있는 선구점, 철공소, 조선소는 물론 음식점, 술집 등 지역사회 전반에 큰 영향을 미치게 된다. 어선이 줄어들면 그 만큼 선장과 선원들이 일자리를 잃게 되고 어업과 관련된 직종과 직업이 도산될 위험에 놓이게 된다. 어업규제는 단순히 어장축소로 그치는 것이 아니다.[18]

〈표 2-3〉 근해통발어업의 피해 예상규모

조업 구역	어업생산량	척당손실액	어종별 피해 현황
동중국해 조업 구역의 60% 상실	10,200톤	517백만원	붕장어 9,700톤×5,000원 =48,500백만 원 먹장어 500톤×6,500원 =3,250백만 원
어업생산성 감소로 인한 어장의 경제적 가치 상실	6,800톤	340백만원	붕장어 6,800톤×5,000원 =34,000백만 원
동중국해 조업구역 100% 상실	41,500톤	774백만원	꽃게 41,500톤×2,800원 =116,200백만 원
합계	58,500톤		201,950백만 원

자료출처 : 근해통발수협(2003. 3)

〈표 2-3〉에서 보듯이 근해통발수협은 예측된 피해규모를 최소화하고 지역사회에 미칠 충격을 완화하고자 다음과 같은 대책을 해양수산부에 건의하였다.

첫째, 한・일 한・중 어업협정으로 어장을 상실한 근해통발어업의 서해특정해역 조업의 허용해 줄 것. 둘째, 한・중 어업협정 이후 4년간 전통적 조업실적을 인정하여 중국 과도수역 내에서 조업할 수 있게 하고, 기타통발 어선의 경우 점진적인 어업 구조조정을 위해 전통적인 조업실적 보장이 끝난 이후에도 지속적으로 조업할 수 있도록 노력해 줄 것.

18 박정석, 「어장공유와 어업규제 : 꽃게 통발어업을 중심으로」, 『민족문화논총』 39(영남대학교 민족문화연구소, 2008).

셋째, 중국 과도수역 및 잠정조치수역에서 기타통발어업은 50,000톤, 장어통발어업은 10,200톤 이상의 물량을 확보해 줄 것. 넷째, 신어장 개척을 위한 시험 조업비 국고 지원과 원양통발어업으로의 전환을 위해 정부차원에서 지원 대책을 마련해 줄 것. 다섯째, 어자원 관리를 위해 도입되는 쿼터제 도입 시 허가 어업인이 피해를 입지 않도록 불법어업을 근본적으로 근절할 수 있는 강력한 법적 장치 마련 및 생산자 증명제를 도입할 것. 여섯째, 현행 수산자원보호령에서 규정하고 있는 꽃게 통발의 망목 65mm가 경쟁력에서 뒤떨어지므로 35mm를 사용할 수 있도록 하고, 금어기를 6월 16일에서 8월 15일 사이로 개정해 줄 것. 일곱째, 한·일 어업협정에 따른 해수부 어업대책반에 수협직원을 편성할 것. 여덟째, 한·중 한·일 어업협정으로 어업질서가 문란해지고 불법어업이 난무하면서 고갈되어 가는 어자원 보호와 가속화되고 있는 해양오염 방지를 위하여 동남 해역의 어업전진기지인 통영에 남해안 어로보호 본부를 설치해 줄 것, 등이었다.[19]

이와 같은 건의사항과는 별개로 양쯔강 수역의 어장을 상실하게 되면서 장거리 운항과 장기간 어로작업에 적합하게끔 건조된 꽃게 냉동선의 운영 및 어획노력량의 증대로만 치달았던 기존의 조업방식에서 여러 가지 문제점들이 도출되었다. 게다가 꽃게 어업이 불황기에 접어들면서 선원충원에 어려움을 겪게 되었다. 선원충원에서의 문제점은 어선감척으로 인하여 선원들의 일자리가 줄어든 탓도 있지만, 육지의 다른 업종에 비하여 상대적으로 낮은 임금 및 높은 작업 위험도를 기피하는 사회적 분위기에서 비롯된다고 할 수 있다. 다음 장에서는 어선운영 및 선원충원과 관련된 문제점을 분석하고자 한다.

19 근해통발수협, 「한중어업협정에 따른 근해 통발어업 대책」(1999. 3.26), 4~6쪽.

3. 어선운영과 선원충원의 문제점

1) 꽃게 냉동어선

꽃게 냉동어선은 다른 어선에서는 볼 수 없는 몇 가지 특징이 있다. 우선 선박의 구조가 경제성보다는 어획량이 최고조일 때의 어획물 처리를 기준으로 건조되었다는 데 그 특징이 있다. 선박의 설비 또한 가능한 1회 최대량을 처리할 수 있는 것을 장착한다. 동중국해의 꽃게 어획 현황이 좋았던 시기에는 일일 최고 10M/T을 어획하여 작업일수 7~10일 만에 50M/T을 생산하였다. 꽃게어장에서 양륙항에서 왕복 4일이 소요되고 재출어 준비에 최소 3일이 소요된다. 활황기 1주일 동안의 조업은 한 해 사업의 성패를 좌우할 수 있다. 그래서 꽃게 냉동어선은 한 번에 최대한 많은 어획량을 적재할 수 있게끔 최소한의 거주공간과 기관구역을 제외하고 전 공간을 어창으로 만든다.

〈사진 2-1〉 꽃게 냉동어선

특히 꽃게를 동결하는 냉동기의 용량은 4~5톤의 꽃게를 6~7시간에 급속 동결시킬 수 있는 능력을 갖추고 있다. 냉동어선에 장착된 냉동기는 일선 수협의 냉동 공장의 설비와[20] 비교해 보아도 대단히 큰 용량임을 알 수 있다. 이것은 동중국해 꽃게의 70% 정도가 9월에서 11월 사이에 어획되고 그 기간 중에도 9월 말에서 11월 초순에 가장 많이 어획된다는 점을 고려한 결과이다. 활황기 동안에는 매일 가능한 최고 어획량을 지속적으로 어획하는 것이 아주 중요하다. 꽃게 냉동어선의 작업공간을 효율적으로 사용하기 위해 선체의 폭을 상대적으로 넓게 만들고 통발의 적재공간을 선미의 작업 공간 위쪽에 별도로 설치하고 있다.

꽃게 냉동어선은 연근해에서 조업하지만 어로 장소는 양륙항에서 비교적 먼 거리에 있다. 먼 거리에서 장기간 작업하는 꽃게 냉동어선은 어획물 운반의 어려움 때문에 보통 1항차에 필요한 모든 물자를 어선에 싣고 출항하여 어획물이 만선이 되면 모항으로 귀항한다. 이런 특성 때문에 선주는 출어경비를 포함하여 재정적으로 많은 부담을 안고 있으며, 선원은 장기간 승선과 어획량의 불확실성을 감안하여 선불금을 최대한 많이 요구한다. 꽃게 냉동 어업은 동중국해 어장이 활황이었을 경우에는 경쟁력이 있어 호황을 누렸지만, 어황이 저조했을 경우에는 투자위험을 감소시키거나 어획노력을 조절할 수 없다는 단점이 노출되었다.

꽃게 냉동어선에는 작업공정을 간편하고 신속하게 하면서도 어획물의 신선도를 높이기 위하여 여러 가지 기계장치가 설치된다. 1994년 중반부터 꽃게를 대량으로 어획하게 되면서 많은 어획물을 신속하게 처리하고 작업의 효율을 높이기 위하여 컨베이어가 설치되었다. 작업공정에 컨베이어가 도입되면서 작업이 단순화·표준화되고, 전문공구가 개발되면서 선원의 숙련도가 향상되었다. 컨베이어가 설치되면서 선장이 작업

20 근해통발수협 냉동공장의 냉장규모 350 M/T이며 냉동기는 75마력이다, 냉동고 규모는 8 M/T이며 냉동기는 65마력이다. 동결시간 20~24 시간정도 소요된다.

상황을 일일이 관리하지 않아도 자연스럽게 작업공정이 통제되면서 노동 생산성이 높아지고 선장은 어로에만 전념할 수 있게 되었다.

하지만 작업의 표준화 및 단순화는 '공정 단계의 한정성'[21] 때문에 세분화 되지 못하였다. 그 결과 작업속도에 적응하지 못하는 선원들이 나타나면서 숙련되고 작업공정에 익숙한 선원들에게 작업량이 집중되는 부작용이 나타났다. 전체 작업공정에서 숙련된 선원의 의존도가 높아질수록 외국선원을 투입하는 것이 점점 어려워졌다. 또한 숙련된 선원들의 악성적인 선불금 요구가 높아지는 문제도 발생하였다. 대량의 어획물을 신속하게 처리하기 위해 도입된 작업공정은 어획량이 감소되고 선원들의 고용불안과 겹치자 오히려 선박운영에 부담이 되고 있다.

꽃게 통발어선에서 포획하는 어획물은 일정한 주기로 생산되지 않을 뿐 아니라, 양적인 면에서도 아주 불규칙적이다. 그러므로 어선의 작업공정은 대량어획물 처리와 소량어획물 처리를 상황에 맞게 탄력적으로 운용할 수 있는 구조와 설비가 함께 마련되어야 한다. 어획물의 양에 따라 혹은 투입 가능한 선원 수에 따라 선택적으로 작업공정을 운영함으로써 선원 한 두 명의 결원이나 숙련자 유무로 인해 전체조업이 좌우되지 않도록 해야 한다.

2) 조업상의 문제점

일반적으로 어획노력량을 증가시키면 생산량은 일정 부분 비례하여 증가한다. 하지만 생산량의 증가가 곧바로 소득의 증가로 나타나지는 않는다. 실제로 〈표 2-4〉와 〈표 2-5〉에 제시된 것처럼 어로현장에서 사

21 포드 시스템에서는 작업의 단순화와 표준화가 핵심 요소이지만 선박은 작업공간이 협소하고 고용 인력이 적어 라인공정의 형식을 취하고 있지만 1인이 보다 많은 작업 요소를 담당하게 되어 생산체계가 완벽하게 운용되지 못하는 단점이 있다.

용된 통발의 개수는 총소득에서 중요한 변수가 아니었다. 2007년도 제주도 근해에서의 잡어 조업의 생산과 소득을 자세히 분석해 보면 어장의 경제성이 가장 중요한 요인이라는 것을 알 수 있다. 어장의 경제성과 어군의 밀도에 따라 적절한 숫자의 통발을 부설해야만 소득을 최대화할 수 있다는 것이다. 어업관리 측면에서 소득의 최대화 전략과 함께 작업형태의 개선과 고정비용의 절감 등이 고려되어야만 통발의 사용량을 현실적으로 줄일 수 있을 것이다.

〈표 2-4〉와 〈표 2-5〉에 사례로 제시된 선박은 총 톤수가 79톤이며 선장포함 총선원은 11명이다. 선체는 강선이며 주기 엔진은 600마력으로 선박평가액은 약 5억 원이고 선령은 2007년 현재 12년이다. 선원 11명을 기준으로 통발을 월 평균 200,000개를 사용한 경우(〈표 2-4〉)와 선원 9명을 기준으로 150,000개를 사용한 경우(〈표 2-5〉)를 서로 비교하였다.

〈표 2-4〉 선원 11명으로 통발 200,000개 양망 시 선박 운영비용

단위 : 천원

구분	작업 경비	고정 경비	부식	공제 · 금융	인건비	기타	계
항목	입갑 · 소모품 · 연료	연료 · 어장값 · 수리비용	11명	공제 · 이자 등	11명	사무장 등	
금액	32,000	14,000	4,000	4,000	27,800	1,000	82,800
비율	38.6%	16.9%	4.8%	4.8%	33.6%	1.2%	100%

자료출처 : 직접조사

선원 11명으로 통발 20만 개를 양망하는 경우에는 작업강도가 상대적으로 높고 숙련된 선원이 필요하다. 따라서 어선원 모두를 국내선원으로 충원하였다. 선원 9명으로 통발 15만 개를 양망한 경우에는 작업강도가 비교적 낮아 선원수를 줄이고 외국인 선원 3명을 투입하여 인건비와 부식비, 그리고 일반 소모품을 절감할 수 있었다. 두 사례에서 제시된 인건비의 차이는 선원수를 줄이고 외국인 선원을 고용함으로써 나타난 결과이다.

〈표 2-5〉 선원 9명으로 통발 150,000개 양망 시 선박 운영비용

단위 : 천원

구분	작업 경비	고정 경비	부식	공제 · 금융	인건비	기타	계
항목	입갑 · 소모품 · 연료	연료 · 어장값 · 수리비용	9명	공제 · 이자 등	9명	사무장 등	
금액	24,000	14,000	2,200	4,000	20,150	1,000	65,350
비율	36.7%	21.4%	3.4%	6.1%	30.9%	1.5%	100%

자료출처 : 직접조사

〈표 2-6〉은 통발개수에 따라 생산금액과 영업이익, 그리고 선주의 이익으로 나누어 계산한 것을 나타내었다. 통발 1,000개당 생산금액의 증가를 통발 20만 개 사용한 경우와 15만 개를 사용한 경우로 나누어 계산하였다. 여기에서 영업이익은 생산비와 인건비를 제외한 나머지이며, 선주이익이란 영업이익에서 인건비를 제외한 차액이다. 사용통발이 20만 개인 경우에 선주이익은 비율급제에 따른 선원 배당금을 인건비로 계산하였다. 사용통발이 15만 개인 경우에는 선장과 기관장은 비율급제로 배당금을 지불하고 선원 7명(한국선원 4명과 외국선원 3명)은 고정급으로 인건비를 계산하였다.

〈표 2-6〉 어황에 따른 생산과 이익

단위 : 백만원

통발 1,000개당 생산액(천원)	20만 개 생산금액	20만 개 영업이익	20만 개 선주이익	15만 개 생산금액	15만 개 영업이익	15만 개 선주이익
320	64	12	-2	48	12	-3
360	72	20	6	54	18	3
400	80	28	13	60	24	7
440	88	36	16	66	30	12
480	96	44	20	72	36	17
520	104	52	24	78	42	21
560	112	60	28	84	48	26
600	120	68	31	90	54	30
640	128	76	35	96	60	34

680	136	84	39	102	66	37
720	144	92	42	108	72	42
760	152	100	46	114	78	45
800	160	108	50	120	84	48

자료출처 : 직접조사

위 사례는 기타통발 어선 중에서도 한 척만을 대상으로 하고 그나마 시험조업을 분석한 자료여서 다양한 변수들이 산재하고 있는 어업 현실을 나타내기에는 부족한 점이 있다. 그럼에도 불구하고 위의 자료들은 근해통발 어업인들의 의사결정과 조업형태 및 수익구조를 파악하는 데 참고자료가 될 수 있을 것이다. 〈그림 2-1〉은 〈표 2-6〉의 내용을 그래프로 표시한 것으로 통발사용 개수에 따라 생산금액과 영업이익이 증가하는 추이를 나타내고 있다. 〈그림 2-1〉의 그래프를 보면 어자원 밀도가 동일하고 동일한 경제성을 가진 자원을 대상으로 조업할 경우에는 어획노력량을 증가시키면 생산금액과 영업이익이 커진다는 것을 확실하게 보여주고 있다. 대개 어업종사자들은 이런 시각적인 효과 때문에 어획노력량 증대를 불황 극복의 유일한 대책으로 생각하여 점점 더 많은 통발을 부설하고자 노력한다.

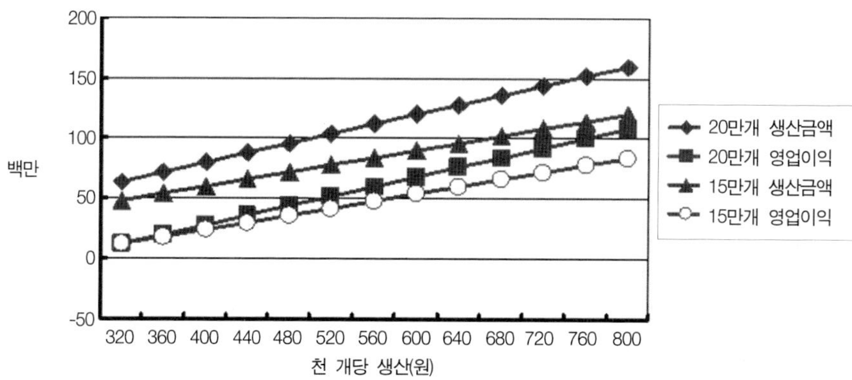

〈그림 2-1〉 통발 사용량별 생산금액 및 영업이익

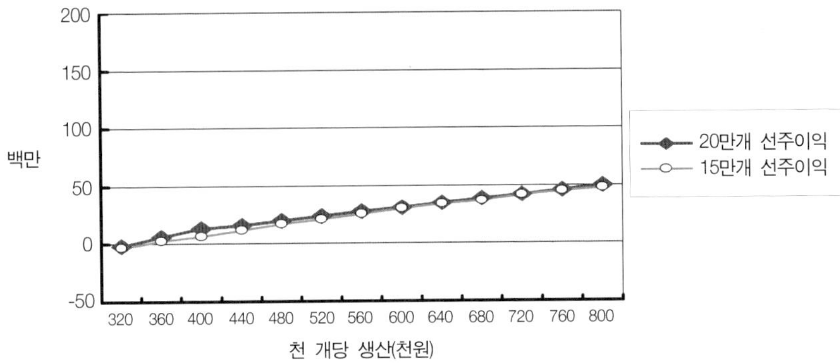

〈그림 2-2〉 통발 사용량별 선주이익

〈그림 2-2〉는 〈표 2-6〉의 내용 중에서 통발을 20만개 사용한 경우와 15만개 사용한 경우 어획노력량의 증가에 따라 선주의 순이익이 어떻게 나타나는지를 그래프로 나타낸 것이다. 〈그림 2-2〉의 그래프에서 선주의 이익곡선을 보면 어자원의 경제성에 따라 이익이 증가하지만, 어획노력량의 차이가 선주의 이익에는 거의 영향을 미치지 않는 것으로 나타났다. 이런 결과는 어구수를 제한하거나 규제하는 정책만으로는 실제 어업현장에서 효과가 제대로 발휘되지 못할 수도 있음을 의미한다. 따라서 어업규제 정책을 입안하고 시행하는 데 있어 신중을 기해야 한다.

〈표 2-4〉, 〈표 2-5〉, 〈표 2-6〉, 그리고 〈그림 2-1〉, 〈그림 2-2〉에서 사례로 제시된 통발어선의 경영상황은 산술적인 비율만을 단순 계산하여 비교한 것이다. 만약 경영상의 차이가 어구 사용개수의 차이에서 비롯된 것이라면, 어획노력량의 대소에 따라 선주의 이익도 일정한 비율로 변화할 것이다. 여기에서 비교하고 있는 사례는 선박의 크기와 장비는 동일하지만 어획노력량에서 차이가 있을 경우를 상정한 것이다.

위에서 사례로 제시된 두 가지의 조업형태 중 선원 11명으로 통발 20만 개를 사용하는 조업방식은 대다수가 일반적으로 채택하고 있는 형태이다. 선원 9명으로 통발 15만 개를 사용한 조업에서는 어획노력량 중 국내선원 5명을 줄이고 노동강도를 25% 감소시킨 대신에 미숙련 외국인 선원 3명을 고용하여 전체 어구수를 줄인 조업형태이다. 조업현장에서 나타난 문제점은 노동량 증가로 인한 생산량 증가가 곧바로 수익증가로 이어지지 않는다는 것이다. 이것은 결국 생산량 증가 이외의 요소에서 대안을 찾아야 한다는 것을 의미한다.

3) 선원충원의 문제점

(1) 국내선원

어선근무는 것은 현재 우리나라에서 대표적인 기피 업종 중의 하나이다. 특히 근해통발어선의 근무환경은 다른 업종에 비해 매우 열악하다. 근해통발어업의 경우에는 조업지 대부분이 육지에서 먼 거리에 있어 선원들은 선박 내에서 보통 한 달 이상 근무한다. 바다는 기상의 변화에 민감하게 영향을 받는 곳이기 때문에 항상 파도가 일고 때로는 돌발적인 폭풍이 발생하기도 하지만 어선 종사자는 이런 상황 속에서도 작업을 계속해야 한다. 승선 중에 사생활은 거의 없으며 귀항을 하더라도 겨우 2~3일 정도만 정박한다. 정박 기간 동안에도 출어준비를 하느라 개인적인 시간을 갖기 어렵다.

게다가 바다에서의 어로작업 과정은 대단히 힘들다. 어황은 불규칙적이며 대개 짧은 기간 동안에 작업이 집중된다. 따라서 시간당 노동강도가 매우 높으며, 경우에 따라서는 사력을 다해야 할 정도로 한꺼번에 모든 노동력을 투입해야 한다. 어로작업 중에는 규칙적인 휴게시간이 불가능하며, 어떤 경우에는 수면시간도 제한을 받는다. 작업환경 역시 다른 업종에 비해 매우 위험하다. 근로복지공단의 '2007년도 산재 고용징수 실적'[22]에 따르면 적용 근로자 대비 재해 보상금 지급 근로자 수의 비율이 제조업 2.8%, 건설업 1.7%, 어업 5.6%로 육지의 일반 업종에 비

22 근로복지공단, 「2007년도 산재고용징수실적분석」(2008).

해 어업분야의 작업 환경이 더 위험한 것으로 나타나 있다. 하지만 장애 연금 지급에서 어업은 제조업의 77%, 건설업의 56% 정도인 것으로 보아 중상 정도는 낮고 재해 빈도는 높은 것으로 추정할 수 있다.

근무환경보다 더 심각한 문제는 노동시간과 작업환경에 비해 소득수준이 매우 낮다는 것이다. 선원으로 취업하는 사람들은 대개 특별한 기술이 없고 지식수준이 낮아 육지의 다른 직업으로는 높은 보수를 기대할 수 없는 사람들이다. 신규선원들은 단기적으로 고소득을 기대하며 희생을 각오하고 취업하지만, 실질적인 임금수준은 육지의 일반 근로자 평균에도 못 미친다. 근해기타통발 선원의 임금실태를 노동부의 '2007년도 임금구조 실태 분석'[23]과 비교한 것이 〈표 2-7〉이다.

〈표 2-7〉 통발 선원과 일반 육상 근로자의 임금비교

단위 : 세, 천원

항목	구분	2007년	2006년	2005년	2004년	2003년	2002년
평균연령	일반	39.4	39.0	39.2	38.9	38.3	38
	근해통발	42.1	37.3	39.8	38.1	38.3	33
월 급여 (남자)	일반평균	2,381	2,249	2,109	1,958	1,850	1,716
	중졸이하	1,584	1,463	1,384	1,258	1,226	1,160
	근해통발	2,418	1,586	988	1,086	1,135	2,614

주) 근해통발선원의 임금은 근해기타통발 어선 101, 102 K호의 선원들의 사례임.

위 사례에 제시된 K호 선원들의 임금체계는 비율급제를 적용하고 있다. 〈표 2-7〉에 따르면 근해통발 선원의 임금은 2002년 이후 저조하다가 2007년에 호조를 보이고 있다. 2007년의 경우 5년 만의 호황이라고 하지만 선원의 소득은 중졸 이하 일반 근로자보다는 조금 높지만, 일반 근로자의 평균임금 수준에 그치고 있다. 비슷한 학력과 연령이라고 가

23 노동부, 「2007년 임금구조실태분석」(2008).

정하더라도, 2007년 단순 노무자의 근로시간이 월 222.3시간인 것과 비교하여 근해통발 어선원의 정미작업시간精微作業時間[24]은 월 300~400시간에 달한다. 뿐만 아니라 하루 24시간을 작업장인 어선에 상주하는 것을 감안하면 선원들의 소득수준은 매우 낮다고 할 수 있다.

일반적으로 어선에서는 선장이나 기관장을 제외한 일반선원을 기술자라고 부르지 않는다. 사람들은 선원으로 취업하는 데는 특별한 기술이 필요하지 않다고 생각한다. 뿐만 아니라 업종별로 필요한 기술을 가르치고 훈련하는 기관도 없다. 하지만 어선에는 업종별로 독특한 기술이 필요하며 숙련되기까지는 많은 경험이 필요하다. 근해기타통발 어선의 경우 일반선원의 정원은 9명이다. 이들 중 통발처리 3명, 로프처리 1명, 어체처리 2명, 취사 1명은 필수요원이다. 이들 필수요원 중 한 명이라도 결원될 경우에는 조업에 막대한 차질이 발생한다.

한·중 어업협정 이후 근해기타통발어업은 그 규모가 대폭 줄었고 동중국해의 조업도 크게 위축되었다. 그 결과 선원들의 소득도 몇 년간 최악의 상황이 되었다. 게다가 숙련된 선원들 대부분이 타 업종으로 전환하면서 선원 수급에 심각한 문제가 발생하였다. 선원 수급이 불안정하게 되자 숙련된 선원을 확보하기 위하여 월 소득의 몇 배에 달하는 선급금을 경쟁적으로 지불하거나, 심지어 다른 어선에 취업하고 있는 선원을 웃돈을 주고 몰래 빼오는 사태까지 발생하고 있다.

일부선원들은 이런 상황을 악용하여 이중으로 혹은 삼중으로 선급금을 받아쓰고 도주하거나 며칠 승선하다가 기회를 엿봐서 도주하는 등 선원들의 사기행위가 극성을 부리고 있다. 하지만 선주가 이에 대응하여 법적인 조치를 취하더라도 해당 선원은 미미한 벌금형을 선고받을 뿐이다. 이런 선급금 사기사건 대부분은 민사사건으로 넘어가는 데, 이

24 정미작업시간은 작업공정에서 준비과정을 제외하고 순수작업에 투입된 시간을 말한다.

들 선원들의 주거지가 불분명한 탓에 법적 대응이 거의 불가능한 상태이다.

근해통발어업은 출어준비에 많은 자금이 일시적으로 투입된다. 따라서 과다한 선급금 지급은 자금수급에 큰 부담을 줄 뿐 아니라, 경우에 따라서는 사업자체를 중단할 수밖에 없는 지경에 몰리기도 한다. 일부에서는 선급금을 지급받은 선원이 작업 중에 도주할 것을 우려하여 어황에 관계없이 무리하게 조업하기도 하지만 도리어 경영수지만 악화되는 결과를 낳고 있다. 최근 몇 년간 임금소득이 저조해지면서 선원들은 생산실적에 관계없이 선급금 이외에 매월 일정액의 생활비까지 요구하고 있다. 어황이 부진할 경우 과도한 선급금과 선원들의 생활비 지급은 결국 선주의 손실로 이어지면서 경영부실의 원인이 되고 있다. 〈표 2-8〉은 K호의 사례를 분석한 것이다. 여기에서 선원수는 선급금을 받고 1개월 이상 근무한 선원을 가리킨다.

〈표 2-8〉 근해통발어선 고용인원 및 미수금 현황

단위 : 천원

항목	2007년	2006년	2005년	2004년	2003년
년 고용 선원수(명)	19	20	18	20	20
선금 미회수 금액	2,300	9,600	11,706	25,410	35,584
1인당 평균 선금액	3,250	3,430	2,860	4,300	3,600

자료출처 : 근해기타통발 어선 101, 102 K호 선원 고용 현황

선원법에는 어선원의 임금을 고정급, 월고정급 및 생산수당 혹은 비율급으로 할 수 있다고 명시되어 있다.[25] 근해통발어업은 대부분 비율급제를 채택하고 있다. 어선원의 비율급제는 짓가림, 짓수제, 보합제步合制, 갈라먹기 등으로 불린다.[26] 우리나라 어선원의 임금지불 형태는 〈표

25 선원법 52조 어선원의 임금에 대한 특례 1항 참조(2008. 2. 개정).

26 이종근 · 임동철, 「어선선원의 근로조건 개선방안에 관한 연구」 『수산해양교육연구』 5(1)(한국수산해양교육학

2-9〉와 같이 대부분 비율급제 또는 고정급과 비율급제를 병용하는 형태이다.[27]

〈표 2-9〉 어업 임금지불형태

지불형태	업종	비고
고정급	정치망어업, 기선권현망어업	일급제
짓가림	대형기선저인망, 서남구기선저인망, 대형트롤, 동해구기선저인망, 잠수기, 근해 채낚기, 근해유자망, 근해연승, 근해통발어업	
고정/짓가림 병용	동해구트롤어업, 대형선망어업	생산수당+생산고

보편적인 임금 지불 방식으로 짓가림제가 채택되는 것은 어업노동의 특성상 개인별 성과를 측정하기가 어렵고, 어로작업에 필요한 운영경비가 우선적으로 확보되어야 하기 때문이다. 어로작업은 노동시간을 기초로 한 임금제도를 적용하는 것이 불가능하다. 또한 선원 중심으로 자율적인 생산 활동이 이루어질 뿐만 아니라, 어로성과 또한 단위 생산기간이 종료된 이후에 나타나기 때문이다.[28] 어업경영에서 생산에 영향을 주는 요소는 대개 불규칙적으로 나타나며 인위적인 관리가 어렵다. 어자원은 자연에 의존하고 가격은 전적으로 타의에 의해 결정되며 조업여부는 기상상태에 따라 절대적인 영향을 받는다. 이런 불확실성 때문에 자연스레 어로성과가 결정되는 시점에서 소득분배가 이루어지게 되었다고 할 수 있다.

한국의 근해통발어업은 소규모 생계형 혹은 가족형 연안어업에서 출발하였다. 우리나라의 산업발전과 더불어 어선어업 역시 기업형으로 성장하였다. 이전까지 어선 종사원은 주로 가족, 마을 또는 지역 주민으로

회, 1993), 26쪽.
27 장용식 외, 「짓가림제 노사관계의 특징에 관한 연구」, 『문교부학술연구』(1989), 89쪽.
28 위의 논문.

이루어졌다. 조업기간이 짧고 어획량도 적었다. 일반적으로 어획물의 처리나 가격결정과 같은 경영부분에도 선원들이 참여하였다. 이런 상황에서는 대개 상호계약이 아니라 관습에 따라 어업성과를 분배하였다. 기업형 어업이 등장하기 전까지 어선어업 대부분은 비율급제를 임금제도로 채택하고 있었다. 비율급제는 1984년 8월 선원법이 전면 개정되면서 비로소 선원법에 명시되었다. 근해통발어선이 대형화되고 기업화되면서 선원수요도 늘어났다. 동일 경력의 육지 근로자에 비하여 2배 이상의 임금을 받았던 상선의 선원임금[29]보다 근해통발어선의 선원들이 상대적으로 높은 임금을 받았던 시절도 있었다. 소득이 높아짐에 따라 선원들 역시 다양한 배경을 지닌 사람들로 충원되었다.

정부의 선원 복지강화 정책과 함께 근로감독이 강화되었다. 1962년 선원법 제정 당시부터 근로계약과 취업규칙 신고 등이 법으로 명문화되어 있다. 하지만 다른 업종과 마찬가지로 근해통발업계 역시 구체적인 근로조건 및 임금지급을 명시한 근로계약 혹은 취업규칙을 체결하고 신고하는 의무를 등한시하였다. 그동안 업계에서는 근로계약이나 취업규칙을 선박출입항을 위한 일종의 요식행위로 치부하였다. 근로계약에 따라 선원들에게 임금을 지급하기보다는 상황에 따라 관습과 인간관계를 바탕으로 임금을 조정해왔다. 기존의 소규모 가족형 어업이 대규모 기업형으로 이미 바뀌었지만 임금지급과 관련된 부분은 여전히 과거의 관행에서 벗어나지 못하고 있는 셈이다.

이러한 어업인들의 관행과 인식은 선주와 선원들 사이에 의견이 상충될 때마다 불신을 초래하는 원인이 되고 있다. 일부에서는 법정다툼으로 이어지기도 한다. 관습적인 임금배분 방식은 선주와 선원 모두 피해자가 될 소지가 있다. 한마디로 기업형 어업 체계에서 비율급 제도는

29 목포해양대학교 운송학부, 「해기직 매력화에 대한 연구 : 3D 직종으로 전락한 선원 직업의 시대에 따른 변화 모색」(2003).

효율성이 낮을 뿐 아니라, 선원과 선주 간에 임금을 둘러싸고 갈등을 심화시키는 요인이 될 수 있다. 이런 우려는 현실로 나타나고 있다.[30]

선원들 중에서 일부는 선주들이 구체적인 근로계약서를 작성하지 않는다는 허점을 악용하기도 한다. 일부 선원들은 임금을 결산하는 자리에서는 근로계약과 관련된 문제를 제기하지 않은 채 작업과정에서의 어려움과 자신들의 헌신적인 노력을 강조하는 등, 선주의 아량에 호소하는 방법을 동원하여 최대한 많은 배당금을 확보한다. 그들은 이런 방식으로 배당금과 선주가 개별적으로 지급하는 포상금 및 회식비 등을 수령한 다음에 근로계약과 관련된 문제를 제기한다. 일부 선원들은 법조브로커와 결탁하여 결산 내용과 항목 중에 과거부터 관습적으로 적용하던 공동경비가 선원법 규정에 부합되지 않는다는 점을 빌미로 삼아 이를 법원에 제소한다. 또한 부당하게 임금이 체불되었다고 관계기관에 호소하는 방법을 사용하기도 한다. 궁극적으로 그들은 선주에게 제소를 취하하는 것을 조건으로 추가적인 대가를 요구한다. 다음 사례는 이런 현상을 잘 보여주고 있다.

꽃게와 장어를 잡는 부산 경남지역 근해통발업계 선주들이 '허위 체불임금 청구' 공포에 떨고 있어 해경이 수사에 나섰다. 통영선적 69톤 기타통발 어선 성○호가 설 명절을 위해 입항하여 설 배당금까지 3백만 원씩 지급했음에도 불구하고 H씨가 개입해 배당금을 한 푼도 받지 못했을 뿐만 아니라 2억6천만 원의 체임이 있다며 허위사실을 법원에 제출했다. 이 배는 선체 가압류와 함께 감수조치가 이루어져 경북 포항 구룡포항에 억류, 선주가 도산위기에 직면했다. 선체가압류와 감수보존조치는 사실여부와 관계없이 공탁금만 걸면 법원이 받아들일 수밖에 없을 뿐만 아니라 선주들이 이의를 제기할 경우 체불했다는 금액만큼 현금으로 공탁해야 하고 짧게는 3~4개월,

30 2003년 마산해양수산청 통영출장소에 임금 등으로 근로행위에 대한 진정서를 접수한 총15건 중 통발업계가 13건으로 전체의 86%를 차지하고 있다[『한산신문』(2003. 3.15)].

길게는 6~7개월 걸리는 정식재판을 통해 체임 사실이 없음을 법원으로부터 인정받기 전까지는 출어조차 할 수 없게 된다. 선원과 브로커는 이를 악용, 선주로부터 합의금조로 금품을 받아 챙기는 사례가 잇따르고 있는 것이다. 부산 경남 기타통발선주협의회의 김○모 간사는 1억 원대의 가압류 신청에 2만여 원의 채권 공탁비용만 있으면 가능한 제도의 허점을 악용한다고 지적했다.[31]

비율급제에 대해서는 서로 다른 두 가지 입장이 있다. 한편에서는 고정급을 기본으로 하고 어획고를 감안하여 생산 장려금을 지급하는 임금제도는 어획변동에 따른 고정비용 감소는 물론 조업에 필요한 경비와 장비를 절감하는 데 용이하지 않다는 것이다. 이런 이유를 들어 기본고정급에다 생산장려금을 지불하는 임금방식보다는 보합제가 수익분배에 더 합리적이라고 주장하고 있다.[32] 다른 한편에서는 비율급제도가 전근대적이라는 비판과 함께 선원에게 공동경비를 부담케 하는 임금방식을 배제하고 경비의 전액을 기업 혹은 선주가 부담하는 것이 경영상 적합하다는 논리를 펴고 있다.[33]

이처럼 서로 상반된 주장은 특정한 어업 집단만을 연구대상으로 삼아 분석한 결과에서 비롯된 것이라 생각된다. 임금제도의 개선 혹은 발전은 우리나라 어선어업의 상황, 선원들의 의식이나 실태 등 어업현장의 현실이 반영되어야 한다. 현재 우리나라의 어선어업은 남획으로 인한 자원감소, 환경변화에 따른 생태계의 변화, 수입 수산물의 증가에 따른 어가의 하락, 고유가 등으로 인해 위기를 맞고 있다. 하지만 대부분의 어선어업은 이와 같은 자연적 요인과 사회적 요인, 그리고 어업의 경제성을 감안하지 않은 채 최고 어획고만 추구하고 있다. 게다가 부가가치

31 『국제신문』(2003. 3. 11).

32 강정우, 「우리나라 연근해어업의 수익분배제의 합리화에 관한 연구」, 『인적자원관리연구』 13(1)(한국인적자원관리학회, 2006).

33 이종근 · 임동철, 앞의 논문(1993), 24쪽.

를 생산하지 못하는 고전적인 유통체계, 소비자의 신뢰 상실 등 복합적 요인으로 인해 경영상황은 점점 악화되고 있다. 선원들은 소득이 불규칙적일 뿐 아니라 상대적으로 낮은 임금으로 인해 불만이 팽배해 있다. 그 결과 선원들은 연대감이나 직업의식이 결여되어 있다. 조업 중에는 작업의 집중도와 성취도가 떨어지며, 임금이 높은 업종이나 육상의 다른 직업군으로 이직하기만을 고대하고 있다. 더욱 심각한 문제는 신규 취업하는 선원이 없다는 점이다.

이런 상황에서는 어떤 방식이 더 적합한 임금제도인가 하는 논의에 앞서 어업의 경쟁력을 확보하는 것이 더욱 시급한 문제이다. 비효율적인 임금제도와 선원충원에 관한 해결책은 열악한 근무환경을 개선하고 노동량과 노동강도에 합당한 임금을 지급하는 것이다. 이를 위해서는 첫째, 어업의 경쟁력을 확보해야 한다. 둘째, 숙련된 선원들이 직업의식을 가지고 계속 종사하게끔 어업환경을 개선해야 한다. 셋째, 어업 환경과 작업조건을 안정시켜 신규선원들을 유치해야 한다. 넷째, 고품질의 제품을 생산 공급하여 소비자의 신뢰를 확보해야 한다. 다섯째, 새로운 경영기법을 도입하여 어업의 부가가치를 높여야 한다.

(2) 외국인 선원

외국인 선원 도입은 국내의 인력난을 해소할 목적에서 비롯되었다. 1993년 산업기술연수생 제도가 실시되면서 외국인 근로자들이 본격적으로 국내업체에 취업하게 되었다. 또한 2003년 8월 '외국인근로자의 고용 등에 관한 법률'이 제정 공포되어 2004년 8월부터 고용허가제가 시행되었다. 2007년 1월 산업연수생제도를 폐지하고 고용허가제로 외국인 고용정책이 일원화되었다. 하지만 근해통발선원은 앞의 법률에 적용되지 않는다. 근해통발어선은 그 규모가 대부분 20톤 이상이어서 선원법 적용 대상이다.[34] 외국인 선원의 근로조건 및 고용규모 등은 해양수산부의 '외국인인력고용관리지침'에 따라 노동조합과 수산업협동조합이 단체협약으로 결정한다. 외국인 선원의 고용규모는 외국인 선원 혼승에 관한 2007년 노사합의에 따라 최대 5명까지 고용할 수 있다.

국내선원들이 다른 직종으로 옮겨가고 신규선원의 충원이 어렵게 되면서 근해통발어업에서도 외국인 선원들을 고용하기 시작하였다. 연근해 어선에는 1996년부터 외국인 선원이 도입되었다. 하지만 근해통발어선은 노동조합과의 단체협약, 외국인 선원들의 현장적응 및 작업수행 능력에 대한 선주와 선장들의 우려 등으로 인해 도입이 지연되었다. 2005년 2월 18일 근해기타통발선주협의회가 경남해상노동조합과 단체협상을 체결하여, 2005년 7월에서야 처음으로 기타통발 어선 4척에 인도네시아 선원 9명이 취업하였다. 2008년 말 기준으로 근해통발수산업협동조합 소속의 통발어선에는 총 185명의 외국인 선원이 도입되었으며 현재 88명이 근무 중에 있다.[35]

일반적으로 외국인 근로자를 도입하는 목적은 부족한 인력 확보와 인건비 절감을 통한 경쟁력 강화이다. 근해통발에서는 대부분 비율급제를 채택하고 있다. 따라서 외국인 선원을 고용함으로써 절감된 인건비의 일정 부분이 내국인 선원들에게 분배된다. 결국 외국인 선원을 고용하여 인건비를 절감함으로써 경쟁력을 향상시키려는 본래의 목적은 경감된다. 외국인 선원을 도입한 배경에는 갈수록 심화되는 만성적 인력난을 해소하고, 과다한 선급금 지불관행을 해소하여 안정적인 선원 고용을 보장하려는 업계의 의지가 반영된 것이다.

외국인 선원 고용에서 나타난 가장 큰 문제는 국내선원과 외국인 선원 사이의 문화적 차이였다. 근해통발어업에서는 인도네시아, 베트남 등 주로 동남아 출신 선원들을 고용했다. 이들 동남아 선원들은 상당한 기간이 지날 때까지 한국음식을 잘 먹지 못했다. 전문 조리사가 없는 어선에

34 외국인 근로자 고용 등에 관한 법률 제3조의 적용범위(2003. 8.16 제정).

35 근해통발수산업협동조합, 「외국인 선원 등록 원장」(2008).

서 이들만을 위한 식사의 준비가 어려웠을 뿐만 아니라, 이들이 어떤 음식을 잘 먹는지 또는 어떤 음식을 먹지 않는지를 알 수 없었다. 외국인 선원이 고용되기 시작한 초기에는 서로의 언어를 몰라 의사소통이 불가능했었다. 국내선원들이 일상적으로 사용하는 폭압적인 몸짓언어와 욕이 섞인 폭력적인 말투, 그리고 친밀감의 표현으로 머리를 치는 행위 등은 이슬람 문화권의 선원들에게 모멸감과 함께 강한 거부감을 주었다. 또한 한국인 고유의 '빨리빨리' 문화와 짧은 시간 내에 노동의 강도가 극도로 높아지는 일명 '돈내기'라고 불리는 노동문화를 외국인 선원들이 감당하기에는 정신적 · 육체적으로 너무 힘들었다. 이와 같은 문화적 차이에 의한 갈등은 간혹 폭력사태로 이어지기도 하였다.

국내선원과 외국인 선원간의 언어적 차이와 의사소통의 어려움은 외국인 선원의 효율적인 활용과 선원으로서의 적응을 곤란케 한다. 국내선원은 물론 외국인 선원 역시 대개 교육수준이 낮다. 외국인 선원은 연수업체에서 단기간 한국어 교육을 이수하지만 한국어로 의사소통하기에는 쉽지 않다. 그렇다고 서로 영어로 의사소통을 할 수 있는 수준도 아니다. 어선에서 필요한 기술은 매우 독특한 것이다. 선박에서 필요한 기술 대부분은 주로 경험 많은 선원들이 구두로 전수한다. 바다에서 조업을 하는 동안에는 돌발적인 상황이 수시로 발생한다. 이때 가까이 있는 동료와 의사소통이 제대로 이루어지지 않으면 상황대처가 늦어지거나 불가능해진다. 이럴 경우 인명사고는 물론 선박안전과 조업에도 심각한 영향을 미칠 수 있다.

어선은 출항과 입항, 조업지에서 조업지로 이동하는 동안에는 선장을 보조하여 선원들이 교대로 항해 당직을 맡는다. 하지만 외국인 선원은 항해 당직을 맡을 수 있는 능력이 없어 당직에서 제외된다. 선박이 항해하는 도중에는 외국인 선원은 휴식을 취하고 국내선원들은 외국인 선원들을 대신해서 더 긴 시간 동안 당직 근무를 해야 한다. 국내선원들은 제대로 휴식을 취하지 못하여 피로가 누적된 채 항해 당직을 서다가

〈사진 2-2〉 외국인 선원

중간 중간에 졸음에 빠지기도 한다. 결국 국내선원들의 항해당직 시간 증가는 선박의 안전운항과 선원들의 건강에 부담이 된다.

한편, 국내선원이 작업과정 중에 외국인 선원을 차별하는 것이 문제점으로 지적된다. 국내선원들은 자신들의 지위와 권한에 관계없이 외국인 선원을 자신들의 하급자로 여기고 마치 하인처럼 취급한다. 국내선원들은 냉동어창 내에서의 작업, 본격적인 조업이 시작되기 전 준비작업 등 힘들고 어려운 작업이나 단순한 일들은 거의 외국인 선원들에게 전담시킨다. 심지어는 개인적인 심부름까지도 스스럼없이 시킨다. 항구에 정박하는 동안에도 국내선원들은 개인적인 용무를 보거나 휴식을 취하지만, 외국인 선원은 선박에 계속 대기하면서 출어준비를 한다.

이와 같은 외국인 선원에 대한 차별의 일차적인 원인은 서로의 문화적 차이와 국내선원들의 낮은 의식수준에서 비롯되었다고 할 수 있다. 하지만 그 이면에는 외국인 선원 고용이 국내선원들의 소득증대에 도움이 되지 못한 데서 파생된 불만이 내재해 있다. 비율급제에서는 어획고의 크기가 선원 전체의 소득을 결정한다. 하지만 외국인 선원의 기술수준이나 노동 강도는 국내선원에 비해 현저한 차이가 있다. 그 결과 어로과정에서 외국인 선원의 참여와 기여도는 국내선원에 비해 많이 떨어진다. 어업노동은 '단순 협업적 집단노동'[36]을 토대로 한다. 협업적인 집단노동은 대개 평등한 분배를 전제로 한다. 따라서 참여자의 노동력이나 기술수준 등이 어느 정도 공평하게 제공되어야 한다. 현재 근해통발의 어법이나

36 장용식 외, 앞의 논문(1989), 105쪽.

어로시설을 조작하는 데는 많은 경험과 높은 기술력이 요구된다. 이런 특성 때문에 근해통발어선의 경우에는 외국인 선원이 국내선원과 공평한 수준에서 협업적인 집단노동에 참여하는 것이 매우 어렵다.

근해통발어선의 열악한 근무 조건과 국내선원과의 갈등과 차별에도 불구하고, 전체 산업연수생 이탈율이 62.4%[37]에 달하는 것에 비교하면 근해통발어선에 취업한 외국인 선원의 이탈율은 낮은 편이다. 육상 사업체에서 외국인 근로자의 이탈은 생산의 감소를 의미하지만 작업 형태가 컨베이어 체계로 운영되는 통발어선에서 선원이탈은 작업 자체가 불가능함을 의미한다. 그러므로 외국인 선원 이탈율의 고저는 큰 의미가 없다. 집단작업의 효율성 하락까지 감수하면서 외국인 선원을 도입한 목적이 고용 안정이었다는 점에서 외국인 선원 이탈율이 거의 50%에 이른다는 것은 심각한 문제이다. 〈표 2-10〉은 근해통발어업에서 고용한 외국인 선원 현황과 이들이 어업현장을 이탈한 사유를 나타내고 있다.

〈표 2-10〉 근해통발어업 외국인 도입 현황

단위 : 명

총도입인원	근무인원	만기출국	중도귀국	무단이탈	총이탈율
185	88	8	53	36	48 %

자료출처 : 근해통발수산업협동조합(2008년 12월 현재)
총 이탈율=(중도귀국+무단이탈)÷총 도입인원

농어업에서 인구의 고령화 문제는 우리 사회의 큰 문제로 대두되고 있다. 근해통발에서도 기존 선원의 이직과 신규 취업의 부진으로 인해 선원들이 점점 노령화 되고 있다. 선원들의 노령화는 노동력의 약화로 이어져 업계의 존립에 위험요인이 되고 있다. 인구노령화에 대한 현실적인 대안은 외국인 선원 고용밖에 없지만, 현재와 같은 체계에서는 외

37 노동부의 고용허가제 관련자료(2003)에 따르면, 2003년 2월 현재 산업연수생 8만 5천 명 중 3만 2천 명만이 연수 중에 있다고 한다, 산업연수생의 이탈율은 62.4%에 이른다,

국인 선원 고용으로 발생하는 효용성이 너무 낮다. 외국인 선원 고용은 높은 이탈율로 인해 고용의 안정성을 기대하기 어렵다. 그리고 인건비 절감 측면에서도 큰 효과는 없다.

2007년도 우리나라의 중졸 이하 노무직의 평균 임금이 약 160만 원 정도인 것에 비교하면 외국인 선원에게 지급되는 인건비는 낮은 수준이 아니다. 외국인 선원에게는 현금으로 지급되는 임금 이외에도 숙식제공, 등록비, 관리비 등으로 지출되는 액수가 많다. 한마디로 외국인 선원을 고용한다고 해서 인건비가 큰 폭으로 줄어드는 것은 아니다. 그럼에도 불구하고 외국인 선원을 계속 고용하는 이유는 국내에서는 선원 수급이 어렵기 때문이다. 〈표 2-11〉은 외국인 선원을 고용했을 경우, 지출되는 제반 비용을 월 부담액으로 환산하여 나타낸 것이다.

〈표 2-11〉 외국인 선원 1인 고용 월간 비용

단위 : 원

항목	금액	지급시기	월 부담액	비고
월급	900,000	매월	900,000	3년 평균 월급
퇴직금	1,440,000	매년	120,000	3년 평균
건강검진	25,000	매년	2,000	외국인 특수 검진 대상
외국인등록관리	10,000	매년	800	체류기간 연장
보증공제	20,000	매년	1,500	임금 체불 보증보험
수협관리수수료	600,000	3년	16,700	1년 30만 원, 2년간 30만 원
업체관리비	10,000	매달	10,000	수입업체
관리비	360,000	년간	30,000	수협중앙회
출국교통비	600,000	3년	16,700	동남아, 편도 항공료
노조비	50,000	매달	50,000	
합계			1,147,700	월 평균 부담금

주) 이외 보증금 1,000,000원/1인당, 인수비용(교통비) 100,000원/1인당

근해통발어업은 선원들의 낮은 소득과 열악한 근무환경으로 인해 기피업종이 되고 있다. 그렇지만 우리나라 수산업의 여건으로는 이런 현

실을 타개하거나 확실하게 개선할 방법은 별로 없다. 외국인 선원의 고용은 선원 수급을 임시방편으로 해결하는 단기적 처방일 뿐이다. 외국인 선원 고용이 지속되면 결과적으로 국내선원의 고용을 위축시키고 숙련된 선원을 양성하지 못하게 되어 결국에는 업계의 존폐가 외국인 선원에 의해 좌우될 것이다. 그러므로 외국인 선원의 도입을 계기로 임금제도를 개선하고 국내선원의 복지 향상을 위해 제도적인 장치를 마련해야 한다. 또한 최고의 어획고만 추구하는 조업관행을 개선해야 한다. 경제적인 조업으로 자원낭비를 최소화하여 장기적으로 지속가능하고 환경친화적인 어업으로 발전시켜야 한다.

한편, 우리나라의 현행 외국인고용허가제는 노동자의 양적인 공급을 원활하게 하고 사회적 안정성을 확보하기 위한 절차를 중요시하고 있다.[38] 하지만 양질의 노동자를 확보하려는 제도적 장치와 절차는 간과되고 있다. 특히 근해통발어선의 경우, 필요한 기능을 갖춘 외국인은 아예 찾아 볼 수가 없다. 선원으로 고용된 이후에는 기초적인 업무를 위해 어느 정도 숙련기간이 필요하다. 근무를 하면서 기술을 익히는 데는 1년 정도의 기간이 소요된다. 정규 선원으로서의 제 역할을 충분히 소화하려면 최소 2년 이상의 기간이 걸린다. 하지만 외국인 선원들 중에는 숙련되기 전에 이탈하는 경우가 많고, 숙련될 무렵이면 체류기간이 만료되어 귀국해야 한다.

외국인 선원을 도입 목적에 맞게 효율적으로 이용하고 성공적으로 정착시키기 위해서는 승선 전에 업계 실정에 맞는 맞춤식의 교육을 통해, 현장 투입 즉시 제 역할을 할 수 있게끔 해야 한다. 그러므로 정부는 외국인 근로자 선정 및 도입 과정에서 현장에 적합한 실무교육을 할 수 있

38 유길상 외, 「외국인고용허가제 시행3주년 평가 및 제도 개선방안 연구」(한국기술교육대학·노동부, 2007); 고준기, 「외국인고용허가제의 문제점과 개선방향」, 『비교노동법 국제학술대회 발표논문집』(한국비교노동법학회, 2006), 292~297쪽.

는 제도와 기구를 시급히 마련함과 동시에 체류기간을 조정할 수 있도록 법률을 정비해야 한다. 또한 사용자 단체는 교육프로그램 개발과 교육 훈련을 직접 참여하여 외국인 선원이 곧바로 현장에 투입되어 제 역할을 다할 수 있도록 지원해야 한다. 업종의 특성에 적합한 교육 및 훈련 프로그램과 적기에 투입할 수 있는 수급 시스템이 필요하다. 선박에도 작업과정 및 어획물 처리가 표준화·단순화·자동화 되도록 장치나 설비 등이 마련되어 있어야 한다.

외국인 근로자의 고용안정과 기술수준의 향상은 노동 생산성을 향상시키고 국내선원들의 처우를 개선할 수 있는 기회를 제공할 수 있다. 또한 그것은 선주가 어업경영에 대한 의사결정을 한결 자유롭게 할 수 있도록 한다. 선주는 선장과 선원들에 의해 주도되고 있는 어획노력의 투입, 제품의 수준 결정 등과·같은 조업과정에 직접 참여할 수 있어 어업 전체를 관리하기가 용이해 질 것이다. 선주는 또한 새로운 경영기법을 도입하여 생산성을 확보하고 경제적인 어업을 달성할 수 있을 것이다. 궁극적으로 외국인 선원의 고용안정과 기술수준의 향상은 어업전체가 장기적으로 고품질의 생산품을 개발하여 부가가치를 향상시켜 수익성을 높이면서 동시에 어자원을 보호·관리하여 어업을 지속가능한 산업으로 이끌 수 있다.

외국인 선원 고용에서 애로는 적기에 인원을 공급하는 데 있다. 적기공급이란 외국인 선원이 필요할 때 언제든지 투입되는 것이 아니라 계획된 일자에 공급되는 것을 말한다. 어선의 근로계약기간은 대개 반년 혹은 일 년을 단위로 이루어지며, 계약기간이 종료되는 시점에서 결산을 하고 다음 어기에 승선할 인원을 재구성하는 체계로 운영된다. 외국인 선원이 공급되어야 하는 시기는 선원을 재구성하는 시점이다. 외국인 선원이 어선에 승선하기까지는 여러 단계의 행정절차를 거쳐야 한다. 행정절차마다 처리기간이 규정되어 있지만, 절차별 허용일수를 합산하면 많은 일수가 소요된다. 하지만 경우에 따라서는 며칠이 소요될지를 가늠할 수 없는 절차도 포함되어 있다. 예를 들어, 사증인정서 발급에 소요되는 기간은 예측하기 어렵다. 담당기관의 업무규정이나 처리과정에서 지연되는 경우도 간혹 발생한다. 그러나 무엇보다도 사증인정서의 업무성격이 심사를 통해 적격성을 검정하므로 그 결과를 사전에 알 수 없다는 것이 가장 큰 애로점이다. 사증인증서의 심사는 일정시간이 경과한 후에야 알 수 있다. 심사결과가 부적격일 경우에는 외국인 선원을 도입하는 일정에 차질이 발생할 수밖에 없다.

'단순노무 외국인력 등에 대한 사증발급인정서 발급 및 관리에 관한 지침'에 따르면 외국인 선원이 이탈할 경우 이탈보고가 등록된 시점부터 1년 간 승선허용 총인원에서 이탈한 선원수를 제외한 인원수에 대해서만 사증인정서를 발급한다. 이런 제한규정은 적기에 외국인 선원의 공급을 어렵게 만들고 있다. 2009년 사업자에게 소명할 수 있는 지침이 마련되었지만, 소명절차가 완료되기까지 소요되는 기간은 짐작할 수 없다. 따라서 인정서 발급에 소요되는 기간은 유동적일 수밖에 없다. 이런 문제점을 해결하기 위해서는 사용자 단체가 예비인력을 확보하여 관리할 수 있는 제도가 필요하다. 그래야만 외국인 선원이 필요한 경우 해당 선박에 곧바로 투입될 수 있을 것이다.

어선의 선원 구인난은 일반 선원뿐만 아니라 해기사도 마찬가지이다. 어선에는 선박직원법 제11조에 의거, 적합한 자격을 갖춘 해기사를 승선시켜야 한다. 근해통발어선은 선박직원법시행령의 선박직원의 최저승무기준에 따라 선장은 6급 항해사 이상, 기관장은 6급 기관사 이상의 해기사 자격을 가진 사람을 승선시켜야 한다. 국제 항해에 종사하는 국적선의 해기사 고용은 2003년부터 시작되었다. 2008년에는 한국해상산업노조와 한국선주협회의 합의에 의해 해기사 2명, 부원 8명을 승선시킬 수 있게 되었다. 외국인 선원을 도입하는 취지가 인력난 해소라면, 최고의 기피 업종이어서 상대적으로 인력난이 더욱 심각한 어선에 우선적으로 외국인 해기사의 고용을 허가하는 방안이 마련되어야 한다.

4. 꽃게 통발업계의 어업관리

1) 자원조성과 새로운 어장개척

(1) 꽃게 치어방류사업

2004년 6월에 근해기타통발선주협의회와 근해통발수산업협동조합, 통영시청, 경상남도 수산자원연구소 등은 우리나라 어업사漁業史에서 최초로 민·관 공동으로 자원조성을 목적으로 한 꽃게 치어방류사업을 시행하였다. 꽃게 치어방류사업은 어업인이 주도적인 역할을 하고 국가기관이 기술과 시설을 지원한 것으로 정부와 어업인이 어자원 육성과 보호에 함께 참여한 협동관리의 한 사례라고 할 수 있다.

근해기타통발어업은 2003년 가을 어기漁期부터 꽃게어획이 극히 부진하여 업계 전체가 불황에 직면하게 되었다. 이런 상황에 직면하면서 근해기타통발선주협의회는 꽃게 자원조성의 필요성을 절감하였다. 2004년 4월 6일 월례회에서 꽃게 치어방류사업을 추진하기로 결의하고, 2004년 4월 12일 근해통발수협의 지도상무를 포함하는 6명의 추진위원회를 구성하였다.

추진위원회는 꽃게 양식을 시도하고 있는 충남 서산의 꽃게 양식장을 방문하여 가능성을 확인하였다. 이후 충남 태안군 안홍에 있는 서해 갑각류연구소를 방문하여 기술자문을 받고, 2004년 5월 29일 갑각류연구소의 현지방류 현장을 참관하였다. 2004년 6월 11일 경상남도 수산자원연구소와 '꽃게 인공종묘 생산·방류에 관한 협약서'를 체결하였다. 협약서에는 어업인 단체와 국가기관이 각각의 책임 범위와 협의할 내용을 담고 있다. 꽃게 치어방류사업의 추진경과는 〈표 2-12〉에 나타나 있다.

〈표 2-12〉 근해기타통발선주협의회와 경남수산과학원 치어방류사업 추진경과

일자	추진 경과
2004. 4. 6	근해기타통발선주협의회 4월 월회 꽃게치어방류사업추진 결의
4.12	근해통발수협 지도상무를 포함한 추진위원회 발족
4.16	서산 민간 꽃게 양식장 방문 현장조사
5. 8	기타통발선주협의회 부담 분 방류사업비 조성
5.17	안흥 수산과학원 갑각류 연구소 방문 기술자문 요청
5.20	통영 경남수산과학원 종묘배양장 지원 요청
5.29	안흥 수산과학원 현지방류현장 참관
6. 3	꽃게 치어방류사업 추진일정 협의 확정
6. 4	1차 어미 게 90마리 입식, 조이야 3-4기에서 거의 폐사
6.23	2차 어미 게 60마리 입식, 메갈로파 3기에서 대량 폐사
7.22	꽃게 치어 10만미 방류 성공

자료출처 : 근해기타통발선주협의회(2005. 8)

꽃게 치어방류사업을 위하여 협의회에서는 어미게 구입비 1,860,000원, 초기사료비 1,200,000원, 선구대 600,000원, 바지락 구입비 410,000원, 유생먹이 비용 5,125,000원, 알테미어 사용비 2,200,000원, 인건비 1,568,000원, 방류경비 4,739,000원 등 총 17,702,000원을 지출하였다. 협의회에서 시작된 꽃게 치어방류사업은 다음해인 2005년부터는 수산업협동조합 중심으로 사업이 확대되어 마침내 경상남도 사업으로 발전되었다. 2008년에는 서해 연안의 대부분의 지자체들이 대량으로 꽃게 치어방류사업을 실시하거나 준비 중에 있었다. 꽃게 치어방류에 따른 자원조성에 대한 사후 영향평가는 기술적 어려움과 평가비용 등의 이유로 실행되지 못하였다. 하지만 2003년에서 2005년까지 부진했던 꽃게 어황은 2006년부터 회복되어 2007년과 2008년에는 풍어를 이루었다.

최근 충남도에 따르면 지난달 15일 현재 충남지역 7개 수협의 꽃게 위판물량은 지난 해보다 553톤(55%) 불어난 1,563톤으로 집계됐다. 수온상승과 지난해 충남도 주관으로 어린꽃게 4백만 마리를 방류하고 산란기에 꽃게를 잡지 못하도록 지도 단속

과 교육을 강화한 효과를 봤다. (2008.12. 5. 한국수산경제신문)

하지만 자원조성은 인위적인 방류보다는 자원보호가 더욱 효과적이다. 갑폭 17.2cm 암꽃게(현장에서 3단 최소크기)가 최대 500만개 정도를 포란 또는 산란한다고 추정된다.[39] 산란된 500만개 중에서 10%가 꽃게 치어로 성장한다면, 포란한 암꽃게 10마리의 치어생산이 2008년 충청남도가 많은 노력을 투입하여 방류한 4백만 마리보다 더 많다.

최근 꽃게 치어방류사업에 대한 영향 평가가 진행되고 있지만 현재 수준의 방류사업으로 어자원 조성에 영향을 미친다면 산란기의 포란한 꽃게를 포획하지 않는 것만으로도 꽃게를 잡는 어업은 지속가능한 고부가 업종이 될 것이다. 하지만 일부 어민들이 불법어업으로 포란한 꽃게를 포획하고 있고 수협에서 위판까지 하는 사례가 종종 발생하고 있다. 어자원의 성공적인 조성을 위해서는 포란한 꽃게를 잡는 불법어업을 근절하고자 하는 어업인과 정부의 공동노력이 반드시 필요하다.

(2) 새로운 꽃게 어장개척

우리나라 서해 해역에서 꽃게의 주업종인 근해안강망 어선과 근해자망 어선의 세력이 한·중 어업협정 이후 각각 600여 척에서 266척으로, 1,000여 척에서 461척으로 50% 이상 대폭 감소하였다.[40] 근해어선에 대한 감척사업은 2010년까지 30%의 어선 감축을 목표로 진행되고 있다. 또한 어구사용에 대한 수량의 제한은 2007년 7월 1일부터 시행되었다.[41] 이처럼 어획노력량이 대폭 감소한 반면, 우리나라 꽃게의 생산량은 〈표 2-13〉에 나타난 것처럼 2004년에 최저치였다가 점차 회복세로 들어서

39 연인자, 『한국서해 및 동중국해 꽃게의 자원생물학적 연구』(부경대학교 박사학위논문, 1997), 70~107쪽.
40 해양수산부, 『근해어선감척제도개선에 관한 연구』 92, 별책 8호(2007).
41 어업허가 및 신고 등에 관한 규칙, 2005. 7. 1 개정.

2008년에는 사상 최고의 어획량을 기록하였다.

〈표 2-13〉 우리나라 연도별 꽃게 생산량

단위 : M/T

년도	2003	2004	2005	2006	2007
생산량	9,478	2,683	3,714	6,894	13,606

자료출처 : 2008년 농림수산부 통계연보

'서해특정해역 내 어장은 해마다 700~800억 원의 어획을 올리는 황금 어장'[42]이라는 보도에서 알 수 있듯이 서해특정해역은 우리나라 최고의 꽃게어장이며 이곳에서 생산된 꽃게의 품질은 최상품으로 인정받고 있다. 꽃게를 포획하는 주요 근해어업 업종들은 대부분 서해특정해역에서의 조업이 허용되고 있지만 근해기타통발어업은 제외되고 있다.[43]

서해특정해역이란 '선박안전 조업규칙 제5조 조업해역의 구분'에서 지정한 해역을 말한다. 제21조 '특정해역 내의 어로 제한' 3항에는 농림수산식품부 장관이 필요하다고 인정하면 관계 중앙기관과 협의를 거쳐 특정해역에서의 어업별 조업구역 및 조업기간을 정할 수 있다고 명시되어 있다. 어선안전조업규칙이 제정되어 고시된 1992년 9월은 근해기타통발어업이 태동하는 시점으로 어선세력도 없었고 이를 대변할 수 있는 수산업협동조합도 없었다.[44] 근해통발수협은 기타통발어업을 조합원으로 수용한 직후인 1998년부터 서해특정해역의 조업 허용을 해양수산부에 건의하기 시작했다. 하지만 2000년 8월 한·중 어업협정 이후 감척이 확정되면 잔존물량에 대해 검토하겠다는 정부 당국의 약속은 지켜지지 않았다.

42 『수산신문』, 2006. 3. 3(인천해경, 꽃게잡이를 위한 안전대책).

43 어선안전조업규정(해양수산부고시 제2006-30호, 2006. 5.26 개정).

44 근해통발수산업협동조합은 1996년 출범하였다.

근해기타통발어업은 2003년 6월 30일부터 동중국해에서 최고의 꽃게 황금어장인 양쯔강 하구 어장이 조업금지 수역이 되면서 결정적인 타격을 받게 되었다. 이에 근해기타통발어업인 50명이 2003년 5월에 서해특정해역 조업허가 신청서를 제출하였으나 거부당하였다. 이들은 2003년 7월 해양수산부를 상대로 행정소송을 제기하고 항소심까지 갔으나, '조업제한으로 인한 개인의 손해가 국가안보를 위한 최소한의 조치보다 크지 않다'는 이유로 원고패소 판결을 받았다. 하지만 서해특정해역에서의 어업질서와 국가안보가 특정 업종에만 적용되는 이유가 판결문에서조차 명쾌하게 명시되지 않았다. 재판부가 패소판결의 이유로 내세운 '조업어선 증가에 따른 업종간의 분쟁우려'와 '2005년 우리나라 측의 과도수역이 EEZ로 편입되는 것으로 정부의 노력이 충분하다'고 한 내용은 재론의 여지가 있다. 서해특정해역에서의 조업허가를 위해 근해통발수협에서 건의한 내용과 답변을 일자별로 정리하면 〈표 2-14〉과 같다.

〈표 2-14〉 근해통발수협 서해특정해역 조업허가 추진경과

일자	추진절차	관계기관	추진 결과
1998. 4	1차 건의서	해양수산부	남북한 군사적으로 대치하고 있는 민감한 해역으로 월선, 피납예방 차원에서 불가
1999. 7	2차 건의서	해양수산부	관계기관 및 어업인 단체의 의견 수렴결과 기존 업종과의 어업조정, 어로보호 자원 관리 측면에서 문제점이 많아 허용이 어려움
2000. 6	3차 건의서	해양수산부	업종 간 조업분쟁 및 남획의 우려로 곤란하나 한·중 어업협정 체결 및 연근해 어업의 종합적인 구조 개선에 관한 연구 결과에 따라 필요시 대체어장 확보 차원에서 조업 허용 여부를 면밀히 검토
2000. 8	4차 건의서	청와대민원실, 해양경찰청	근해통발어선에 대한 국제 규제 감척 물량이 확정된 후 잔존 어선에 대한 대책 검토시 종합적으로 검토
2002.11	5차 건의서	해양수산부	기존주장
2003. 4	6차 건의서	해양수산부	조업분쟁이 예상되고 어로 보호세력이 충분하지 못하여 어선 안전 확보의 어려움
2003. 5	조업허가신청	해양수산부	교지53250-531(2003. 6.18) 교섭지도과 회신, 기존 사례를 들어 거절함
2003. 7	행정소송제기	해양수산부	2003. 5. 조업허가 거부 취소 청구
2004. 5	항소	해양수산부	국가안보 이유 1심 패소
2005. 2	항소패소	해양수산부	

자료출처 : 근해통발수산업협동조합, 근해기타통발선주협의회(2005).

근해통발어업은 한편으로는 국제 어업협정으로 인한 어장축소에 대처하고, 다른 한편으로는 어자원이 고갈되어가는 동중국해와 국내어장을 대체하기 위하여 해외어장을 개척하려고 노력하였다. 해외 어장개발은 대상 어장이 대부분 자국의 영해와 EEZ 수역에 속하기 때문에 현지 업체와의 합작 또는 시험조업을 수행하는 방식으로 추진되었다.

지금까지 근해어선 자체의 해외수출과 해외어장에서 근해어선이 활용된 사례는 여러 차례 있었다. 하지만 입어국가의 어자원을 개발하려는 시도가 성공한 사례는 없었다. 해외 어자원의 개발을 위해서는 우선 충분한 시간을 갖고 어자원의 현황, 대상지역의 문화와 관습, 대상국가의 법제도 등에 대해 철저한 사전조사가 선행되어야 한다. 이와 더불어 조업이 정상 수준에 도달하기까지 충분한 자금과 인원지원이 필요하다. 또한 생산물의 가치평가와 판매처 확보 등 사후처리와 관련된 계획과 예측이 정확해야 한다. 〈표 2-15〉은 근해통발 어선업계에서 해외어장을 개척하려 시도했던 사례들을 정리한 것이다.

〈표 2-15〉 근해통발어선 해외어장 개척 현황

대상국가	기간	입어척수	입어 형식	결과
베트남	2000~2001	9척	현지업체 하롱수산과 천왕성 수산 합작	꽃게어장 미흡, 곰장어어장 발견 경제성 없음, 업체파산
말레이시아	2000~2001	15척	현지 허가권자의 어업허가 용선 형식	추진되지 못함
캄보디아	1999~2000	7척	경상남도와 캄보디아 정부와 시험조업 추진	추진되지 못함
마샬공화국	2004~2006	2척	현지 어업권자와 통영시 합작 수산과학원 주도의 시험조업	시험조업의 성공적 실시, 경제성 있는 어장 발견치 못함

자료출처 : 근해통발수협

〈표 2-15〉은 근해통발수협에 소속된 어업인이 단독으로 혹은 수협 및 정부와 공동으로 해외어장을 개척하고자 시도한 사례를 분석하여 개별 사례들의 추진형태와 사후결과를 요약한 것이다. 마샬 신어장 개척을

〈사진 2-3〉 마샬 해역의 시험조업선

위한 시험조업은 중앙정부와 지방자치 단체 그리고 어업인 단체와 어업인들이 함께 참여한 것으로 협동관리의 새로운 모델이다.

중앙정부는 자금과 기술을 지원하였고, 지방자치 단체는 협상과 협약체결 등에 대한 비용과 행정지원을 제공하였으며, 어업단체는 관계기관과의 의견조율, 중앙정부의 지원확보, 현지상황의 사전조사를 수행하였고, 어업인들은 현지조사, 선박정비, 원양어업에 필요한 허가취득, 시험선박 운영을 담당하였다. 이것은 어업인, 어업인 단체, 정부, 지방자치단체가 모두 참여한 협동관리로 앞으로 해외어장 개척에 좋은 표본이 될 수 있을 것이다. 〈표 2-16〉은 마샬에서 새로운 어장을 개척하기 위하여 시험조업을 하려고 마샬 정부와 양해각서를 체결한 경과를 일자별로 기록한 것이다.

〈표 2-16〉 마샬어장 진출을 위한 시험조업 MOU 체결 추진 경과

일자	추진 경과
2004. 3.15	통영시의 추천으로 마샬어업 허가권자인 (주) 씨월드와 만남
2004. 7.20	시, 수협, 어민대표 1차 현지조사, 마샬대통령과 관계자 방문

2004. 8	의향서 송부
2005.	마샬대통령 청와대 방문 어업협력 요청
2005. 2	해외신어장개척 사업비 신청 건의
2005. 5	마샬정부 외교부 방문요청, 7월 피지대사 마샬 방문
2005. 9.12	시험조업승인 구체적인 협의 희망
2005.12.20	시, 수협, 어민대표, 수산과학원 2차 현지조사 및 양해각서/의향서 전달
2005.12.24	현지에서 의향서 수령
2006. 1.13	시험조업 양해각서 마샬수산위원회 승인
2006. 1.16	통영시 주체 양해각서 검토 협의회 개최
2006. 1.18	마샬수산청장 한국방문 통영시장과 MOU 협의
2006. 1.20	해외어장자원조사 사업비 근해통발어선 2척분 신청(6억원)
2006. 2.13	시험조업 MOU 통영시장 서명
2006. 2.16	시험조업 MOU 마샬수산청장 서명

자료출처 : 마샬어장 자원조사 계획, 통영시, 근해통발수협(2006. 2.17)

2) 설비개발과 시설자동화

(1) 생산설비의 자동화

일반적으로 자동화와 기계화는 흔히 같은 의미로 쓰는 말이지만 개념적으로는 차이가 있다. 선박에 사용하는 설비 중에서 자동화와 기계화의 차이가 분명하게 나타나는 대표적인 것이 조타장치操舵裝置(Steering Gear)이다. 조타장치는 키를 움직여 선박의 진로를 유지하거나 변경하는 장치를 일컫는다. 선박에는 GPS(Global Positioning System) 신호를 받아 스스로 목적지를 찾아가는 자동 항해장치와 유압장치를 사람이 직접 조작하여 목적지를 찾아가는 수동 항해장치가 있다. GPS는 복수의 인공위성 정보를 이용하여 선박의 위치를 아주 정밀하게 파악할 수 있는 장치이다. 현재 선박에서 많이 사용하고 있는 GPS는 세계적으로 보편적인 위치결정 방식을 장착하고 있다. 자동화는 단순하고 반복적인 인간의 노동을 기계로 대체하는 것을 말한다. 근해통발어선에서 사용 중인 통발

탈락기와 로프 양망기 컨베이어는 낮은 수준의 자동화 설비이다.

육상의 공장에서 자동화를 추진하는 이유는 생산성 향상, 인력부족 해소, 안전성 향상, 품질향상, 생산시간 단축 등 기업의 경쟁력을 높이기 위해서다. 자동화는 초기 설비에 많은 자본의 투자가 필요하고 한번 설치하면 변경이 어려운 문제도 있다. 하지만 자동화 기계 혹은 설비를 도입했다고 반드시 생산효율이 올라가는 것은 아니다. 또한 설비가 기술적으로 문제없이 운영된다고 해서 반드시 기업의 경쟁력 제고로 이어지는 것도 아니다. 결국 자동화의 성공은 당면한 현실에 부응하고 해당 업종의 전략, 자원, 제품 등에 적합한지를 충분히 고려할 때 이루어진다.[45] 즉, 기계나 장비를 설계할 때 용도에 적합한 성능, 내구성, 편이성, 가격, 안전성, 설치장소의 적합성 등 많은 부분을 고려해야 한다.

한편, 육지의 다른 업종 종사자들에 비해 선원들은 직업에 대한 충성도가 상대적으로 미약할 뿐만 아니라 대부분 단기간 근무하며 이직율이 높다는 특성이 있다. 선원으로서 갖추어야 할 기술과 소양에 대한 교육 및 훈련 프로그램이 마련되어 있지 않아 선박에서 자체적으로 훈련해야 한다. 신규선원이 복잡한 자동화 설비를 제대로 작동하려면 오랜 경험과 숙련도가 요구된다. 하지만 이렇게 숙련된 선원들은 업계에서 '고급인력'으로 대우받게 되고 희소성까지 발생하여 인원수급에서 커다란 문제를 초래할 수 있다. 따라서 선박에 설치되는 설비나 기계의 작동방법은 최대한 단순해야 한다.

어선에서 사용할 설비를 설계할 때는 특히 내식성耐蝕性, 작동의 단순성, 정비 및 수리의 간편성, 안정성 등을 감안하여야 한다. 바닷물에 직접 영향을 받는 위치에 설치되는 어선설비는 중요 작동부를 내식성 소재를 사용하여 제작하거나 중요 부분에 해수의 침투를 막거나 부식을 방지

45 이정원, 「생산자동화의 성공 요인에 관한 연구」, 『기술혁신연구』 7(2)(기술경영경제학회, 1999), 101쪽.

할 수 있는 방법이 강구되어야 한다. 어선에서 철을 소재로 한 설비는 사용 중에 마모되는 것보다는 부식으로 망실되는 것이 대부분이다. 어선은 항상 움직이고 흔들리는 환경에 있으므로 설비를 수리하거나 부품을 교체하는 방법이 간편해야 한다. 기계가 섬세하여 정밀한 손동작이 필요하거나 부품이 특수하여 쉽게 구입할 수 없다면 매우 곤란하다.

제일 중요하게 고려되어야 할 사항은 사용상의 안정성과 설비의 안전성이다. 심하게 흔들리는 선박에서는 설비는 물론 설비를 조작하는 사람도 중심이 심하게 흔들려 설비파손에 적절하게 대처하기가 어렵다. 따라서 어선에 설치되는 기계의 작동부분 강도는 육상설비의 설계보다 높은 안전율을 적용해야 하며, 탈락이나 회전에 의해 조작자가 부상을 입지 않도록 설계되어야 한다. 어선은 거주구역, 조타실 등 일부 구역을 제외하고는 항상 바다물이 고여 있다. 그러므로 어로작업에 사용하는 설비는 전기에 의한 작동을 최대한 줄이고 꼭 필요한 전기장치는 누전이 완벽하게 차단되어 장기간 안전이 보장되어야 한다.

일반적으로 자동화하면 자연스럽게 대량 생산체계를 연상하게 되고 대량생산은 생산성 향상과 원가절감에 유리하다고들 인식한다. 하지만 어선어업에서 자동화는 육상의 자동화와 많은 차이가 있다. 어선어업의 생산성에 영향을 주는 요인들은 어군밀도, 수온, 해류, 기상 등 자연적인 현상이 가장 많다. 자동화를 통해 단위 기간이나 시간대에 생산 능률을 향상시킬 수는 있지만 이것이 경쟁력을 강화시키는 결정적인 요인이 되지는 않는다. 한 예로, 근해장어통발에서 최고 애로공정이었던 통발의 탈착작업을 자동화 설비로 대체하여 생산능력을 100% 향상시켰다. 자동화 설비를 장착하기 전에 일일 6,000개~7,000개의 장어통발을 사용하다가 장착 후에는 일일 12,000개~14,000개를 사용할 수 있게 되었다. 하지만 자동화 설비가 경쟁력을 향상시켜 어민 소득에 기여한 것보다는 자동화로 발생된 부차적인 피해가 더 컸다. 자동화 설비를 장착하면서 선박은 에너지를 많이 소모하는 대형어선으로 전환되었고 선원들의 노동강도는 지나칠 정도로 과다해졌으며 자원은 고갈되어 업계 전체가 파산 위기에 도달했다.

근해기타통발어업에서 자동화의 추진 목표와 설비 도입의 우선순위는 인원감축과 작업의 단순화에 초점이 맞추어져야 한다. 자동화를 통한 인력감축은 생산성은 유지하면서 비용을 절감시켜 수익률을 높일 수 있다는 의미에서 필요하다. 작업의 단순화는 애로공정을 기계장치로 대체하여 작업공정을 단순화함으로써 숙련된 선원을 고용해야 하는 어려움을 해소하고 외국인 선원의 활용도를 높일 수 있다. 작업의 단순화는 선원들의 고용 안정성을 확보하는 것을 말한다. 하지만 어선의 설비 자동화가 선원관리의 어려움을 해결하는 방법으로 추진되어서는 곤란하다. 선원들의 직업이나 직장에 대한 충성도는 근본적으로 소득 수준과 관련되어 있다. 자동화를 통하여 비용을 절감하고 단위 생산량과 수익률을 높여서 그 결과로 얻어진 이익을 선원들의 처우 개선에 투자해야 한다. 이로써 숙련된 양질의 선원들을 유치하고 최종적으로는 노동생산성의 향상과 고품질 제품생산을 통한 고부가가치를 실현하는 효과를 가져와야 한다.

자동화를 단순하게 새로운 기계를 도입하는 과정으로 이해하기보다는 그것을 한 단계 높은 새로운 어업관리 체계를 도입하는 계기로 삼아야 한다. 비율급제로 임금을 받는 선원들은 자동화를 자신들의 소득과 노동 강도 등 개인적 차원의 유불리有不利에 따라 선호하거나 거부한다. 선박에서 설비의 자동화는 선원들을 통합하는 방식으로 이루어져야만 성공할 수 있다. 선원의 입장에서 자동화가 처우개선과 같은 맥락으로 인식되어야만 비로소 인간과 인간, 그리고 인간과 기계의 조화를 이루는 자동화가 완성될 것이다. 생산 자동화가 완료되면 인력이 감축되고 숙련된 선원의 가치가 떨어지므로 선원들은 고용에 대한 불안과 선주로부터 받고 있던 혜택이 축소될 것을 우려하여 반대할 수 있다. 또한 자동화에 결정적인 영향을 미치는 선장의 경우에는 인력감축으로 생산고가 하락하면 배당소득이 오히려 하락하는 결과를 초래할 수 있으므로 자동화 설비를 도입하는 것에 소극적일 수 있다.

자동화 설비를 도입하고 정상적인 조업을 하기까지는 상당한 시간과 비용이 필요하다. 선원들이 한 선박에 몇 년씩 장기 근무를 하지 않는다면 고가高價의 설비를 공동경비[46]로 도입하는 것에 반대할 것이고, 정상조업까지의 손실에 대한 보상이 없다면 도입 자체가 어려울 것이다. 그러므로 자동화는 선원들의 처우개선의 한 방법으로 추진하고 자동화가 성공적으로 이루어져 경영수익이 올라갈 경우를 예상하여 이에 대한 구체적인 처우개선을 사전에 산정해야 한다. 이렇게 산정된 이득과 처우개선을 선원들에게 구체적으로 설명하고 자동화 설비가 정착되는 기간 동안의 손실에 대해 적절한 보상을 보장해야 한다. 자동화가 공동의 이익이라는 공감대가 형성되고 선장을 포함한 선원 전원이 적극 참여해야만 어선에서 자동화가 성공적으로 이루어질 수 있다.

어선의 설비를 자동화하는 것은 설계 단계의 기술적인 문제 혹은 제작에서의 자금 투자보다도 현장에서의 시험과 현업에 정착될 때까지의 시간과 그에 따른 손실이 너무 크다. 또한 바다라는 환경에서 조업 어선에 사용되는 설비는 너무 많은 변수가 있기 때문에 실내에서의 시험만으로는 완전한 설비를 제작할 수 없다. 해상시험은 계절별, 해역별, 대상 어종별, 기상 조건별로 시험을 거쳐야 한다. 또한 자동화는 개발자 한 사람이 희생적으로 수행할 수밖에 없지만 그에 대한 혜택은 방관자적인 입장을 취한 모든 이들에게 돌아간다. 하지만 어민이나 어선에 설비를 공급하는 업체는 대부분 영세하여 자동화 같은 장기성 R&D 사업을 수행할 여력이 없다. 특별한 사명감이나 필요성에 의해 추진하여도 주위의 편견과 자금압박 등으로 대부분은 좋은 결과를 맺지도 못하고

46 여기에서 공동경비는 비율급 임금제도에서의 공동경비를 말한다.

파산한다. 비록 개인이 이러한 어려움을 극복하고 자동화 개발에 성공한다고 해도 개발자는 투자금의 회수를 위해 설비의 가격을 고가로 책정할 수밖에 없다. 이렇게 되면 결과적으로 자동화의 성과는 설비 개발업자의 이익으로 돌아가고 어민들은 높은 비용을 지불해야 될 것이다.

어선의 자동화 설비개발은 공적인 성격이 강한 사업이므로 정부가 수행해야 한다. 하지만 어선에 필요한 설비를 개발하고자 하는 영세업체가 정부의 R&D 정책자금을 지원받는 것은 쉽지 않다. 일반적으로 정부는 공학적인 설계를 위주로 심사할 뿐만 아니라 공장규모, 개발인력, 설비의 확충 등을 심사기준으로 내세우고 있다. 이런 업무 편의적인 심사기준은 수 십 년이 지나도 변하지 않고 있다.[47] 자금을 지원받기 위해 형식적으로 별도의 사무실을 만들고 연구소 간판을 붙이고 학력기준을 충족시키기 위해 불필요한 인력을 고용하거나 심지어 근무하지도 않는 연구원을 명단에 올리는 구태를 연출하고 있다. 이런 난점에도 불구하고 현재까지 연구소가 주축이 되어 연구한 결과를 응용하여 개발한 어선의 자동화 설비는 거의 없다.

요컨대, 어선 자동화 설비의 실질적인 연구 개발을 위해서는 지원 대상사업의 선정 과정과 심사에 소속 수협과 같은 업계를 대표하는 어민단체에 일정부분 권한을 위임하여 어업현장에서의 필요성과 긴급성, 공공성을 충분하게 반영할 수 있도록 해야 한다. 이렇게 함으로써 개발사업이 관련업계 전체의 혜택으로 돌아가게 하고, 개발 사업자에게는 현실적인 지원이 이루어지게끔 정책적으로 조정할 필요가 있다. 아울러 개발 사업을 활성화하고 시험 어선의 손실을 보전해 주어 어민의 참여를 유도하는 현장 우선적인 정책 시행이 이루어져야 한다.

47 황인학, 『R&D 지원 정책의 올바른 방향』(한국경제연구원, 2007).

(2) 어구 개발과 개량

개발開發과 개량改良은 의미가 다르다. 개발은 새로운 것을 찾아낸다는 의미이지만, 개량은 형태나 성능 등을 좋은 방향으로 개선한다는 뜻이다. 어구에 대한 최근 연구들은 대부분 어구의 어획기능 향상과 성능을 개량하는 데 집중되어 있다. 현 시점에서 어구의 어획성능 향상을 위한 연구는 어획노력량을 줄여 남획을 방지하여 어자원을 조성하고 보호하려는 세계적인 추세와도 어긋날 뿐만 아니라 수산자원관리법[48]을 제정하여 자원관리를 강화하려는 우리 정부의 정책방향과도 배치된다.

그러나 어구의 성능 향상이 반드시 자원조성이나 자원보호에 해로운 방향으로만 영향을 미치는 것은 아니다. 국가주도의 어업관리 정책이 효과를 거두지 못하는 근본적인 이유는 어민의 소득을 보장하는 대책이 없었기 때문이다. 어구의 개수를 줄이고 작업 기간을 단축하였을 때 어민의 소득이 감소되는 만큼의 손실을 어구의 성능 개량으로 보전할 수 있다면 이런 어구의 개발은 오히려 자원보호와 조성에 큰 도움이 되고 어업생산 체계를 혁신시킬 수 있을 것이다.

통발개발은 어구의 성능과 더불어 경제성까지 고려된 다목적 기능을 가진 형태로 고안되어야 한다. 이렇게 하기 위해서는 먼저 현재 꽃게잡이에 사용하고 있는 통발의 구조나 재질 등을 기술적, 생태학적으로 검토할 필요가 있다. 현행 어업관리 규정에 부합하지 않는 부분을 파악하여 규제에 순응하며 어획성능을 유지할 수 있는 구조로 바

〈사진 2-4〉 개량통발

48 수산자원관리법은 수산자원 관리와 자원회복 계획을 제도적으로 추진하기 위한 법으로, 2007년 9월 31일 입법 예고하여 2008년에 제정할 계획이었으나 제정이 지연되고 있다.

꾸어야 한다. 〈사진 2-1〉은 현재 사용 중인 개량통발 사진이다. 근해기타통발어업에서 사용하는 꽃게 통발은 환경친화적이고 자원보호의 기능을 하면서 동시에 어업인들의 소득을 향상시킬 수 있는 방향으로 개발이 이루어져야 한다. 이를 위해서는 통발의 설계 단계부터 어획성능만을 증대시키는 것보다는 환경오염의 원인과 어자원에 유해한 요소를 제거하고 인원을 절감할 수 있는 방안이 모색되어야 한다. 통발은 어자원 조성에 부담이 되지 않고 어민 소득도 보전할 수 있도록 만들어야 한다. 현재 사용하고 있는 통발의 문제점과 개선방향을 분석한 것이 〈표 2-17〉이다.

〈표 2-17〉 꽃게통발의 문제점과 개선방향

항목	개선 항목	개선 방향	실제 설계 사례
입롱률 증대	접촉율에 비해 입롱율이 낮음	꽃게의 입롱 가능 방향이 원주 360도 중 180도인 것을 전 방향 360도가 되는 구조로 개선	전 둘레를 유인구인 구조로 만듬
이탈율 줄임	미끼의 영향이 떨어지면 많은 개체가 이탈	입롱에 방해받지 않는 수준의 혀 그물을 부착하여 이탈율을 낮춤	고둥전문으로 개발하여 혀그물은 반영치 않음
통발의 부피	통발의 형태가 원통형으로 선박적재, 운반비용, 공장생산, 해외수입에 장애	조립식이나 접이식은 내구성과 사용의 용이성에서 문제가 많아 실패. 고정식의 구조로 적재가 용이한 형태로 고안	삿갓형으로 만들어 적재 부피를 50% 이상 줄임
유체 저항	해류에 의해 통발이 굴러다니고 양망시 저항으로 로프 마모가 심해지고 에너지 소모	조류 의한 통발의 대량분실, 투망시 지정위치 이탈, 양망속도와 설비 부하 등의 원인이므로 유체저항을 줄이는 형상	통발의 불필요 부분을 줄이고 유체저항을 적게 받는 구조로 하여 4노트 양망속도에서 원통형 저항하중 40kg를 17kg로 줄임
망목 규제	고둥작업은 35mm, 꽃게작업은 65mm 망목을 사용하여 이중부담	고둥은 바닥에 붙어 이동하고 꽃게는 유영하므로 상부는 꽃게 탈출을 위한 65mm 그물, 하부는 고둥을 위한 35mm 그물을 사용	투망 후 해저면에 착지시점에는 항상 같은 한 면이 바닥에 닿으므로 바닥그물과 상부 그물을 달리 사용하게 함
원가 절감	어획되는 개체수에 비해 체적이 과다	어획물 수납과 통발의 기능유지에 필요한 최소 공간 사용	통발의 기능에 필요한 공간은 높이의 반이므로 반쪽을 줄여 자재비 30% 감소
생산성	조립공정이 대부분 수작업으로 생산성이 낮음	조립이 용이한 형태로 구조 변경	그물 씌우기에 기능이 필요하고 많은 시간이 소요되어 단순 구조로 함

통발의 개발도 자동화 설비개발에서 지적된 것처럼 과다한 시제품 제작비와 시험조업의 어려움이 큰 문제이다. 시험 조업에 사용할 통발은 대량생산으로 제작할 수 없기 때문에 개당 생산원가가 현저하게 높다.

통발 성능에 대한 검정은 실험 수조에서는 어업 현장의 다양한 변수를 반영할 수 없기 때문에 현장에서의 시험조업이 필수적이다.

어선의 작업성과는 시간별, 계절별, 어종별로 많은 차이가 있으므로 실제조업과 같은 시험조업을 통해서만 그 결과를 검증할 수 있다. 어장을 준비하기 위한 투자와 시험조업 완료까지의 막대한 비용을 개인이 감당하기에는 부담이 아주 크다. 국가가 규제정책을 개발하고 단속을 위해 사용하는 비용을 감안하여 자원 보호형이고 오염원 저감형인 통발 개발을 지원하고 육성할 필요가 있다. 국가가 정책적으로 개발한 어구를 사용하고 어구개수를 줄이는 어민에게 보조금을 지원하고 폐어구 반납을 의무화하여 관련 민간단체에 그 관리를 위임하면 어구 개발이 활성화 될 수 있을 것이다.

3) 꽃게 규격의 표준화 및 제품의 차별화

(1) 꽃게 규격의 표준화

표준화하면 흔히 공업 표준화와 KS 표시 제도를 연상한다. 하지만 표준화는 공업분야뿐만 아니라 서비스업, 농수산업 등 모든 산업에 적용되는 용어이다. 표준화는 제품이나 자재, 치수, 표시방법 등을 단순화하고 전문화 하는 것이다.[49] 단순화는 치수 등급에서의 불필요한 많은 규격을 보편적 규격으로 소량화하는 것이며, 전문화는 제조업체에서 규격에 맞는 제품만을 전문적으로 생산하여 생산성과 경제성을 높이는 것을 말한다. 표준화된 규격이 없으면 한 가지 물건에 대하여 서로의 주관이 작용하여 상호이해를 할 수 없고 생산자와 소비자가 서로 신뢰할 수도 없다. 사용하기 전에 품질의 수준을 알 수 없다면 사용목적에 적합한

49 박병태, 「공업표준화」, 『대한기계학회지』 31(8)(대한기계학회, 1991), 696쪽.

물건을 선택할 수 없어 소비자는 불필요하게 많은 물건을 구매하는 시행착오를 겪어야 한다.

대부분의 어류에는 표준화된 규격이나 표시가 없다. 호칭도 통일되어 있지 않을 뿐만 아니라 일반적으로 사용되고 있는 치수는 지역과 어종에 따라 차이가 많다. 어류의 분류에 많이 쓰이는 호칭은 '단'이다. 꽃게의 크기를 부르는 통상적 호칭은 주로 '3단', '4단', '5단'이라는 용어를 사용한다. 이런 구분을 확장하여 '특대', '1단', '2단', '3단', '4단', '5단', '6단'으로 분류하기도 한다. 하지만 '단'의 구분과 크기는 지역에 따라, 업종에 따라, 사용처에 따라 다르고 심지어 말하는 사람마다 다를 정도로 주관적이어서 거래에서 분쟁의 원인이 된다.

근해기타통발선주협의회는 치수규격의 혼란을 해소하기 위하여 2003년 7월 8일자로 '꽃게의 협의회 표준규격'을 설정하고, 사진과 자료를 첨부한 홍보물을 만들어 회원소유의 전선박과 거래처에 배포하였다(〈사진 2-2〉 참조). 꽃게의 규격표준은 기존에 사용하던 단위인 단수와 수량을 기준으로 제정하였다. 단수는 특대 300g 이상(9cm±1), 3단 230g 이상(8cm±1), 4단 150g 이상(7cm±1), 5단 100g 이상(6cm±1)으로 구분하였다. 수량은 특대 25~30마리, 3단 35~40마리, 4단 55~65마리, 5단 90~100마리로 설정하였다.

꽃게의 무게, 수량, 크기, 성별 등은 거래의 기본이 되는 중요한 기초정보이다. 이런 정보를 통하여 구매에 대한 의사가 결정되며 다음 단계의 유통이나 가공에 대한 계획을 가능하게 한다. 무게와 수량에 대한 정보를 표준화하여 사용함으로써 정보의 신뢰성을 확보할 수 있게 되었다. 표준화된 규격을 근거로 자재준비, 제품설계, 물류계획 등이 이루어져 생산과 유통이 경제적이고 효율적으로 운영된다.

〈사진 2-5〉 꽃게규격 표시

일반적으로 표준화는 생산능률 증진, 생산비 저하, 품질 및 호환성 향상, 소비의 합리화, 거래의 단순화로 이어진다.[50] 따라서 표준화는 공업 분야 뿐만 아니라 어류를 어획하는 어선어업에도 적용할 수 있는 중요한 개념이다. 근해기타통발어업의 주생산품은 냉동 꽃게이다. 몇 년 전까지 꽃게는 대부분 재래시장에서 유통되었다. 시장에서 소매상은 도매상으로부터 상자 단위로 냉동꽃게를 구매하여 나름대로의 기준에 따라 분류하고 품질을 규정하여 소비자에게 판매하였다.

하지만 꽃게의 단위와 품질은 시장 상인마다 달라 소비자는 필요한 품질의 꽃게를 구입할 수가 없었다. 꽃게는 살과 알이 찬 것과 그렇지 못한 것은 가격에서 엄청난 차이가 있고 용도도 다르다. 냉동된 꽃게의 상태를 육안으로 식별하는 것은 불가능하므로 소비자는 상인의 말만 믿고 구입은 하나 그 꽃게의 품질은 판매한 상인뿐만 아니라 생산자마저도 알 수 없다. 시설 좋은 선박에서 급속 동결하여 최상의 제품을 생산한다고는 하지만 그 기준이 무엇인지 알 수 없다. 실정이 이러하다 보니 세계에서 최상품의 꽃게를 어획하였으면서도 싸구려 취급을 받으며 결국 신선도나 안전성에서 믿을 수 없는 중국산 꽃게보다 못한 평가를 받게 되었다.

최근에는 꽃게의 유통이 재래시장에서 대형 마트 쪽으로 옮겨지고 있다. 마트에서는 어선에서 공급한 꽃게상자를 해체하여 원형상태로 판매하거나 원형상태의 꽃게를 소포장 또는 1차 가공을 거쳐 판매한다. 어떤 형태이든 선박에서 골판지 상자로 포장하여 납품한 그 상태로 판매되지는 않는다. 마트나 가공공장에서 바라보면 꽃게는 원자재이다. 원자재가 재질이나 품질, 수량 등의 기준도 없이 공급된다면 회사의 생산성이나 가격 경쟁력은 시작부터 불가능하다. 농수산물이 소비자에게 신뢰

50 장한용, 「공업표준화」, 『전기학회지』 30(9)(대한전기학회, 1981), 561쪽.

를 얻지 못하고 경쟁력을 잃는 근본 원인 중의 하나는 품질이 표준화되지 않았기 때문이다.

근해통발어업이 지속적으로 성장하고 안정적인 업종이 되기 위해서는 꽃게를 고부가가치의 상품으로 만들어야 한다. 꽃게는 자체가 고가의 어종이지만 생산, 저장, 재가공 과정을 거치면서 불필요한 비용이 발생하여 가격상승의 원인이 되고, 품질이 저하되는 경향이 있다. 이와 같은 문제점을 해결하기 위해서는 한편으로는 표준화를 통해 꽃게를 용도와 목적에 맞게 분류하고 소비자가 원하는 품질, 수량, 크기, 포장 등의 기준을 규격화하여 소비자의 신뢰를 증대할 필요가 있다. 다른 한편으로는 수산업협동조합을 중심으로 품질을 검정하고 보증하는 검정체계를 표준화하여 시장에서의 공신력을 확보하고 원자재로서의 품질을 균일화해야 한다.

이렇게 함으로써 꽃게를 가공하거나 소포장을 통한 제품개발이 활성화되도록 이끌어야 한다. 꽃게의 품질 경쟁력과 가격 경쟁력을 높여 판매 시장을 확대하고 꽃게의 상품가치를 높일 수 있을 것이다. 즉, 꽃게의 가치상승은 곧 어민의 소득을 보장하고 어민의 소득증대는 국가의 어업관리 목표를 달성하는 데 기여함으로써 결국에는 꽃게 통발어업이 지속가능한 어업으로 정착하게 할 것이다.

(2) 시장제품의 차별화

제품의 품질은 목표품질, 설계품질, 제조품질, 시장품질로 분류할 수 있다. 목표품질은 소비자의 기대품질이지만 생산자에게는 목표품질이다. 설계품질은 목표품질을 현실적인 생산 능력을 감안한 품질이며, 제조품질은 실제로 생산된 제품의 품질이며, 시장품질은 소비자가 사용하면서 느끼는 품질이다. 자연에서 포획하는 꽃게를 공산품처럼 품질을 규정하고 설계하여 생산할 수는 없다.

자연에서 포획된 꽃게도 개체별로 품질에서 차이가 있기 때문에 인위적인 분류는 가능하다. 그러므로 꽃게의 품질은 분류의 정밀도에 달려 있다고 할 수 있다. 꽃게의 목표품질은 소비자가 희망하는 수준의 질과 가격을 용도에 맡게 분류하는 것이다. 설계품질은 분류의 정확성을 어느 수준까지 할 것인가를 설정하는 것이다. 제조품질은 선원들이 꽃게를 얼마나 정밀하게 선별하느냐 하는 기준이 될 것이다. 시장품질은 소요처별, 용도별로 적합한 꽃게를 공급하여 소비자가 품질과 가격 등에서 만족하는 수준일 것이다.

꽃게가 고부가의 상품으로 유통시장에 공급되기 위해서는 시장품질이 차별화, 규격화, 표준화되어야 한다. 상품을 시장에서 판매하려면 마케팅 전략이 필요하다. 마케팅 전략은 소비자들의 특성에 따라 시장을 세분화하고, 세분화된 시장 중에서 표적시장을 선정하여 표적시장의 어떤 장소에 상품을 배치시킬 것인지를 결정하는 일이다.[51] 이것은 고객을 중심으로 시장품질을 차별화 하는 것이다. 마케팅 관리의 기본 개념은 소비자 만족을 위해 제품설계에서 판매까지 고객의 관점에서 생각하고 행동한다는 의미를 담고 있다.

꽃게도 고객의 관점에서 분류되어야 한다. 가격 면에서 품질은 낮지만 저렴한 것을 원하는 고객이 있고 가격보다는 최고의 품질이 필요한 고객도 있다. 포장에서도 선물용의 상품포장이 있고 운반용 포장이 있다. 또한 꽃게의 크기도 용도에 알맞은 크기별로 구분하여 포장할 필요가 있을 것이다. 이런 맥락에서 근해통발선주협의회에서는 꽃게 포장을 규격화하는 작업을 시도하고 있다. 선주협의회에서는 꽃게 포장박스의 규격을 표준화하여 치수, 재질, 총중량, 내용물 중량, 표시법 등을 표시하게끔 만들었다. 한마디로 고객의 요구를 세분화하고 차별화하는 것은 공급자와 고객이 상호 불필요한 비용을 절감하게 함으로써 고객만족을 달성하고 공급자의 이익을 증대할 수 있다. 결국 우리나라의 꽃게가 세

51 안광호 외, 『마케팅』(학현사, 2008), 20쪽.

계 각국의 수산물과 경쟁하여 우위를 차지하는 방법은 고품질의 차별화 전략이다.

5. 수산업협동조합과 어업인 단체

1) 수산업협동조합

(1) 수산업협동조합의 설립배경 및 현황

최근까지 우리나라의 수산업협동조합은 정치적인 상황에 좌우되어 협동조합이라는 본래의 성격과 부합되지 못한 측면이 있었다. 이런 경향은 협동조합이 발생한 시대적 배경에서 비롯되었다고 할 수 있다. 우리나라 수산업협동조합의 모태는 일제 식민지 시대에 수산자원의 수탈을 위해 설립된 각종 어업단체 혹은 수산단체들이다. 이들 수산단체들을 바탕으로 조선수산회가 설립되면서 각종 수산단체들은 식민지 수산정책을 수행하는 행정보조 기관으로 전락되었다.[52]

해방 후 조선수산회는 한국수산회로 개칭되고 1952년 다시 대한수산회로 명칭이 바뀌었다. 그러나 일제 식민지시대의 관행은 크게 바뀌지 않았다. 대한수산회 산하의 여러 단체들은 해방 후에도 일제시대 어업조합의 관리기능과 운영방식을 답습한 채 각종 행정 보조역할을 수행하였다.[53] 1962년에 수산관련 법령이 제정 혹은 개정되면서 여러 수산업단체들이 설립되었지만 단체의 운영은 물론 기능과 역할에서도 여전히 문제가 많았다.[54]

52 장종익, 『한국협동조합운동의 역사와 현황』(한국협동조합연구소, 2007), 6쪽

53 최정윤, 「수산업협동조합의 성립과 그 발달과정에 관한 단계적 고찰」, 『수산경영론집』 12(1)(한국수산경영학회, 1981), 36쪽.

54 장종익, 앞의 연구; 최정윤, 위의 논문 참조바람.

한마디로 수협은 조직과정에서부터 어민들의 자발적인 참여에 의해 만들어진 단체가 아니었다. 한국의 수협은 구시대의 인적·물적 잔재를 그대로 이어 받아 관주도의 중앙집권적 하향식 조직으로 출발하였다. 수협이 어민들 위에서 군림하고 착취하는 일제의 관행을 답습함으로써 어민의 협조나 참여를 이끌어 낼 수가 없었다. 또한 수협은 어민들을 위한 수산업 발전방안이나 대책을 마련하여 정부정책에 반영되도록 이끄는 창구 역할도 제대로 수행하지 못하였다. 정부가 수협을 배제한 채 일방적으로 주도한 그간의 어업정책은 현실과 괴리되어 효력을 발휘할 수가 없었다. 그 결과 수산업은 낙후되고 경쟁력이 상실되고 말았다.

그러다가 1980년대 농협의 민주화운동 성과에 힘입어 1988년 12월 31일 단위조합장과 중앙회장을 직선으로 선출하도록 수협법이 개정되었다. 수협법 개정은 수협의 민주화를 이룩하고 조합원을 위한 자체사업을 할 수 있는 계기가 되었다. 하지만 여전히 수협중앙회의 각종 사업은 정부의 정책에 좌우되었으며 일선조합은 수협중앙회와 불가분의 관계를 맺고 있어 관제조합의 성격이 완전하게 사라진 것은 아니다. 이런 현상은 수협이 자주적인 협동조합으로 발전하는 데 저해요인이 되었다.

수협의 설립목적은 조합원들이 조합을 자율적이고 자발적으로 조직하고 운영하는 것이다. 하지만 우리나라 수협들은 대부분 조합원들의 자율적 운영에는 이르지 못하고 있다. 민주화의 상징인 직선제 조합장 선거는 일부이기는 하지만 저급한 정치문화를 그대로 답습하여 학연, 지연, 혈연에 의한 금권선거로 얼룩지기도 했다. 조합원들이 자신들을 대표할 조합장을 선출하는 것이 아니라 마치 수산업 담당 정치인을 선출하는 형국이 되어버렸다. 이런 상황에서는 선거를 통하여 조합운영에 적합한 사람을 선출하기가 어렵게 되었다. 정치적 힘에 의해 선출된 조합장은 조합운영보다는 지역유지로서 다양한 정치적인 일정에 더 치중하는 모습을 보일 수밖에 없었다.

그동안 수협은 비영리단체라는 명분하에 조합원의 소득 향상을 위한 경제 사업에는 크게 노력을 기울이지 않았다. 일부에서는 경제사업을 시도했지만 경영부실로 인해 그다지 성공적이지 못했다. 조합이 운영하는 경제사업이 조합장의 실적이나 개인적인 이해관계에 따라 좌지우지되면서 대부분 실패로 끝나버려 조합의 부실만 가중하였다. 수협의 주 수입원은 위판 수수료, 면세유류 공급, 정책자금 관리 등 정부가 부여한 특혜사업과 신용사업의 이자수익이다. 즉, 수협 자체는 조합원들의 경영 상태나 어려움에 크게 영향을 받지 않는 셈이다. 결국 수협은 조합원들의 소득향상과 이해관계보다는 조합자체의 운영과 지속에 더 관심을 쏟을 수밖에 없는 것이 현실이다.

최근 임의상장제를 강제상장제로 환원하자는 주장들이 제기되고 있다.[55] 이런 주장은 어업통계의 불확실성과 사매매 극성 등으로 인해 어민이 피해를 입는다는 논리를 내세우고 있다. 하지만 실제로는 금융시장에서 수협금융사업의 낮은 경쟁력으로 수익이 계속 하락하고 있으며 수협위판이 수수료만 징수하고 어획물의 부가가치를 증대시키는 데 아무런 기여가 없어 어민들로부터 외면당하고 있기 때문이다. 이런 상황을 극복하기 위해서는 협동조합의 기능을 강화시켜 경쟁력을 제고하는 것이 올바른 방향일 것이다. 일부이기는 하지만 아직도 관제조합으로써의 역할에 익숙한 사람들이 국가권력의 힘에 기대어 자신들의 어려움을 해결하려고 한다. 이런 태도는 협동조합이 조합원의 소유, 통제, 수익에 따라 운영되어야 한다는 원칙과 배치된다.

이런 문제점들과 더불어 제대로 자립기반을 갖추지 못한 수협은 1997년 외환위기를 맞았다. 정부는 수협 경영의 정상화를 위하여 2001년 총 1조 1,581억 원의 공적자금을 지원하였다. 공적자금 지원과 함께 정부는 경영정상화 이행협약(MOU)을 체결하여 수협에 대한 정부의 관리기능을

55 「임의상장제 바뀔 때가 됐다」, 『한국수산경제』(2008.11. 2).

강화시켰다. 또한 2008년에는 수협중앙회장을 인사권이 없는 비상임직으로 바꾸고, 회원조합의 조합장마저 비상임직으로 바꾸는 수협법을 개정하려고 하였다. 결국 수협이 조합원들과 어민들에게 제 역할을 다하지 못한 탓에 정부의 산하기관으로 되돌아가게 되었다.

(2) 근해통발수산업협동조합

수산업협동조합 설립의 큰 목적 중의 하나는 어민의 경제적 · 사회적 지위의 향상이다. 한마디로 수협은 어민을 보호하는 것이 목적이라고 할 수 있다. 수협은 영세한 어민이 자발적으로 단체를 조직하여 거대자본이나 다른 기관의 권리침해에 공동 대응하여 스스로 경제적 · 사회적 지위를 지킬 수 있도록 설립된 단체이다. 그러므로 적어도 수협은 정부의 지원을 받아 어민들의 권익을 지키는 단체는 아닌 것이다. 이런 점에서 수협의 지도사업은 그 방향설정에 문제가 있다. 이것이 바로 수협이 협동조합이 아닌 수협직원들의 조직으로 인식되는 이유이다.

근해통발수산업협동조합은 통발어업에 종사하는 어업인들의 경제적 소득향상과 사회적 지위를 굳건히 하려는 목적으로 1982년에 설립되었다. 근해통발수협의 연혁을 간단히 요약하면 〈표 2-18〉과 같다.

〈사진 2-6〉 근해통발수협

〈표 2-18〉 근해통발수협연혁

일자	연혁	일자	연혁
1982. 1.15	발기	1992.12.11.	기타통발전업자 자격 부여
1982. 4.15	창립총회	1993. 3.24.	정량지점 개설
1982. 9.14	정관제정	1994. 1.14.	동호동 청사 건립 이전
1982.11.27	근해장어통발수협 설립 등기	1994. 1.17.	상호금융점포 이전
1982.11.27	1대 조합장 취임	1994. 3. 1.	5대조합장 취임
1982.12.30	정관개정	1994. 6. 7.	직매장 개점
1983. 5	플라스틱 통발 완성품 사용	1996. 5.	꽃게수매사업 착수
1983. 7	유압양망기 사용 시작	1996. 9. 6.	근해통발수협으로 명칭 변경
1984. 6	장어 매취 판매사업 시작	1996. 8.20.	김해 상호금융점포 개설
1986. 1.20	2대조합장 취임	1996. 8.30.	바다장어 직매장 개설
	통영수협 2층으로 본소 이전	1996.12. 6.	직매장확장 이전
1987. 6.22	어민중대 창설	1997.	본소청사 매입 계약
1988. 4.11	3대조합장 취임	1998. 3. 1.	6대조합장취임
	항남동 청사 이전	1998. 6. 8.	정량동 청사로 이전
1989. 3. 6	상호금융업무 시작	1999. 4.24.	김해지점 폐쇄
1989.12.31	영어자금직대	2000. 5. 6.	동호동 청사 매각
1990. 3. 1	4대조합장 취임	2001. 2.28.	직매장 폐쇄
1991. 2.28	장어통발 43척 업종 전환	2003.10.22.	정량 출장소 폐쇄

자료 : 근해통발수산업협동조합

현재 국내외의 어업환경 변화에 직면하고 있는 근해기타통발어업이 활로를 찾기 위해서는 근해통발수협의 역할이 아주 중요하다. 수협이 제 역할을 다하기 위해서는 조직자체가 혁신적으로 바뀌어야 한다. 근해통발수협은 협동조합의 설립목적과 원칙에 따라 어민의 자율적인 단체로 확실하게 자리를 잡고 스스로 역량을 강화해야 한다. 근해통발수협의 시급한 과제는 장기 경영목표를 설정하는 것이다. 무엇보다도 조합의 최고 목표는 조합원의 소득 향상이어야 한다.

이런 목적을 달성하기 위해서는 첫째, 수협이 구심체가 되어 조합원이 단결되도록 해야 한다. 둘째, 시장에서의 경쟁력 확보를 위해 생산품을 관리해야 한다. 셋째, 조합은 기업형의 경영관리 체계를 만들고 직원들에게는 직무에 적합한 교육과 훈련을 하도록 배려해야 한다. 넷째, 경제사업에 최대한의 가용인원을 투입하는 구조조정을 해야 한다. 다섯째, 생산관리와 품질관리 등에 기업형 관리기법을 도입하여 경쟁력 있는 상품을 만들 수 있도록 생산체계를 구축해야 한다. 여섯째, 어업생산을 계획적이고 관리가능한 체계로 변화시켜 생산단계에서부터 경제적이고 고품질의 어획이 되도록 해야 한다. 이를 위해 수협은 선원들의 교육과 훈련 프로그램을 개발하여 운영하고 자동화 설비 및 어구 개발에 적극적인 노력을 하며, 아울러 이들 설비의 보급과 운영에 이르기까지 지도사업을 확대해야 한다.

이런 목표를 달성하기 위해서는 수협중앙회와 정부의 도움과 협조가 필요하다. 수협중앙회는 경제 사업을 담당하는 직원 교육을 위한 프로그램을 개설하고 고급관리자를 육성해야한다. 또한 정부는 수협의 경제 사업체계 구축을 위해 재정을 지원하고 조직관리, 마케팅 등의 전문가를 파견 또는 자문 등을 통해 지원사업을 강화해야 한다. 궁극적으로 정부는 어민의 경영 안정을 통해 국가의 어업정책이 효과를 거둘 수 있도록 하고 수협이 주도적인 역할을 할 수 있는 어업정책을 시행해야 한다.

2) 어업인 단체

(1) 근해기타통발선주협의회

근해기타통발선주협의회(이하 선주협의회)는 전국 근해 꽃게 통발어업인을 대표하는 단체이다. 이 단체는 국제 어업협정 이후 감척사업과 같은 어업변화에 적극적으로 대처하지 못했다는 반성과 함께 정부의 어업정책에 공동으로 대응하기 위하여 2002년 11월 냉동선 선주 43명이 주도하여 창립되었다. 꽃게 통발어업인을 대표하는 민간단체로는 근해통발수산업협동조합이 있지만 현재의 수산업협동조합의 운영체계 속에서 수협이 정부의 정책에 반대되는 입장을 취하는 데는 한계가 있다. 이런 측면에서 어업인의 이익을 실질적으로 대변할 수 있는 단체로 활동하고 있는 것이 바로 선주협의회다.

선주협의회는 자율적이며 자발적인 조직일 뿐 아니라 공동의 경제적, 사회적, 문화적 목표를 추구하면도 민주적으로 운영된다. 이런 점에서 협동조합의 전형[56]이라 할 수 있다. 선주협의회는 순수한 어민의 협동조합체이다. 선주협의회는 무보수 명예직의 회장과 총무의 주도로 운영되고 있으며 운영자금도 전액 회원의 회비로 충당한다. 〈표 2-19〉는 선주협의회가 발족한 2002년부터 2008년까지의 연혁을 정리한 것이다.

〈표 2-19〉 선주협의회 연혁

일자	연혁	일자	연혁
02.11.15	임시회의 임원 선출	04. 4. 6	꽃게방류사업추진위원회 구성
02.11.27	창립총회	04. 4.16	꽃게방류 타당성 조사
02.12.27	망목관련 수산과학원 방문	04. 7.16	홍게통발과 조어기간조정 합의
03. 1.15	취업규칙, 근로계약서 제정	04. 7.22	꽃게치어방류사업 실시
03. 3	선원 부당체임사건 공동 대응	05. 1. 7	꽃게긴급수입관세 요청
03. 4. 8	특정해역관련 해수부 방문	05. 1	암꽃게 포획금지 법제정 청원
03. 7. 8	꽃게규격 및 포장규격 제정	05. 2.18	해상노련과 단체협상 체결
03. 7	해수부상대 특해관련 소송 제기	05.7.14	외국인 선원 첫 도입
03. 8.14	어업조정회의 특해분과 참석	06.5.15	마샬시험 조업
04. 1. 6	선급제도 폐지	07. 5. 2	서해안 포란 꽃게 현장 단속
04. 1.15	선원관리 명단 등록	07.12	태안 기름 방제작업 참석
04. 3. 5	통발전용부두건립 건의서	08. 8	태안유류대책 항의 방문

자료 : 근해기타통발선주협의회

선주협의회는 수협과 달리 운영체계가 자율적이고 독립적이다. 그리고 회원들의 공동이익을 위해 의사를 결정하고 행동한다. 선주협의회는 어

56 조용훈, 『한 · 일수산업협동조합 비교연구』(수경원보고서, 2007), 7~8쪽.

업관리의 중요한 측면을 담당하고 있다는 점에서 협동관리의 주축이라 할 수 있다. 최근 어업관리의 세계적인 추세는 정부와 어민이 함께 참여하는 협동관리이다. 정부의 권한을 나눈다는 의미에서 협동관리가 이루어지고 있는 사례는 TAC 물량 분배를 어업단체인 선주협회에 위임한 홍게통발어업이 있다. 하지만 TAC 결정과정에의 참여나 정부주도의 관리방법 등으로 보아 이것은 협동관리의 전형적인 모델로 보기는 어렵다.

국가적 어업관리를 성공시키기 위해서는 정책입안 단계에서부터 어업인들이 참여하여 어업인들의 현실을 반영한 정책을 수립해야 한다. 수협은 정부와 어민간의 협약을 보증하고 조정하는 역할을 하고 이런 기능을 제도화해야 한다. 어업의 관리기능을 어업인들의 자율에 맡기되 정부는 감독과 관리를 정확하고 신속하게 집행해야 한다.

어업인들을 대표하는 단체로서의 선주협의회는 조직의 역량과 능력을 배양하여 어업관리에서 주도적인 역할을 해야 한다. 또한 선주협의회는 단순한 이익단체로 머물기보다는 정부의 어업정책에 현실적인 대안을 제시하는 한편, 내부적으로 자발적인 규제장치를 마련하여 궁극적으로는 지속가능하고 환경친화적인 어업을 달성하는 것을 목표로 삼아야 한다.

(2) 통영지구 기타통발 선장협의회

통영지구 기타통발 선장협의회(이하 선장협의회)는 2008년 8월 5일에 발족되었다. 선장협의회의 정기총회는 꽃게 통발어선들이 귀항하는 설과 여름철에 한 번씩, 두 번 개최하는 것으로 명시되어 있다. 2008년 발족 당시 선장협의회에 가입한 회원은 총 35명이었다. 선장협의회의 임원은 회장, 부회장, 총무 각 1명, 감사 3명으로 구성되어 있다. 이들의 임기는 2년이며 무보수이다. 선장협의회는 회원들의 회비로만 운영되며 회비는 2008년 당시 월 5만원이었다.

선장협의회의 회칙에는 '회원상호간의 친목과 우호정진'을 위한 사업은 물론 통발업계의 발전에 필요한 사업을 할 수 있다고 규정되어 있다. 한마디로 선장협의회는 꽃게 통발어업에 종사하는 선장들의 친목도모를 목적으로 결성되었다. 현재의 선장협의회 이전에도 20여 년 전에 선장협의회가 구성된 적이 있었지만 중도에 해체되고 말았다. 현재의 선장협의회를 결성한 이면에는 한·중 어업협정 이후 팽배된 통발업계의 위기감이 작용하였다. 한·중 어업협정 이후 실시된 감척사업으로 인해 선장들의 일자리가 줄어든 것도 선장협의회를 결성하게 된 중요한 요인 중의 하나였다.

선장협의회는 이와 같은 위기감 속에서 그것을 극복하기 위해 결성되었다. 선장협의회를 통하여 첫째는 조업 중에 선박사고 혹은 인명사고가 발생할 경우 서로 구조하거나 구난하는 것을 용이하게 한다. 꽃게 통발업계에 종사하는 선장들이 서로 항해와 관련된 정보를 교환함으로써 사고를 방지하고 안전한 조업을 하려는 것이다. 둘째는 위기에 처한 통발업계를 타개하기 위하여 선주와 선장들이 상부상조하여 공동으로 대처한다는 것이다. 사양길에 들어선 통발업계를 부흥시키기 위해서는 선주들과 선장들이 협력해야 한다는 것이다. 선장협의회의 결성은 선장들끼리 그리고 선장과 선주들이 서로 돕지 않으면 꽃게 통발업계가 위기에 처할 것이며, 이것은 곧 선장들의 일자리가 감소되거나 사라질지도 모른다는 자각에서 비롯되었다고 할 수 있다.

이와 같은 위기감에서 선장협의회가 결성되었지만 아직까지 어업인을 대표하는 하나의 단체로서 어업관리를 할 수 있는 단계는 아니다. 선장협의회가 결성될 당시에도 어업관리 혹은 조업규제와 관련된 논의는 전혀 없었다. 2008년 당시 선장협의회의 회장은 선장협의회의 성격을 설명하면서, 가령 어떤 선주가 부당하게 선장을 강제 하선시킬 경우 공동으로 대처할 통로로써의 기능과 역할을 우선순위에 두고 있다고 말했다. 또한 선장협의회는 결성된 이후 사용자 단체인 선주협의회와의 우호적인 관계를 형성할 것이라고 하였다. 이처럼 일종의 친목단체로서의 성격이 강한 선장협의회가 어업관리의 한 축을 담당하기에는 단체의 기능과 성격에서 한계가 있다. 어업인 단체로서의 선장협의회는 앞으로 어업관리와 관련된 기능과 역할을 조정하고 강화하여 어업인의 입장에서 어업정책을 입안하고 시행 · 평가하는 데 적극적으로 참여할 필요가 있다.

6. 효율적인 어업관리를 위하여

한 · 중 어업협정 이후 한국의 근해어업은 엄청난 시련에 직면하고 있다. 국제해양환경의 변화로 한국의 어업은 감척사업을 비롯한 복합적이고 다양한 어업규제가 이루어지고 있다. 이와 같은 시련을 극복하기 위해서는 정부, 수산업협동조합, 어업인 단체와 어업인들의 협동관리가 필요하다. 기존의 정부주도의 명령통제형 어업관리 방식으로는 지속가능하면서도 환경친화적인 어업을 주도하기에는 많은 제약이 있다(제1부 참조).

한 · 중 어업협정으로 어장축소와 구조조정에 직면한 꽃게 통발업계에서는 최근 몇 년 간 다른 나라의 연안 어자원을 개발하기 위하여 많은 노력을 하였지만 만족할 만한 어장을 찾지는 못했다. 그 원인은 추진과정에서 예기치 않게 발생하는 여러 문제점과 현지에서의 애로사항, 그리고 어장개발을 위한 준비부족 등에서 찾을 수 있을 것이다. 하지만 가장 중요한 이유는 국내의 어장을 대체할 만한 해외어장이 흔치 않다는 데 있다.

우리나라의 해역은 난류와 한류가 만나는 지점이어서 어종이 다양하고, 대륙붕이 잘 발달하여 수중 동식물의 서식에 적합하며 수중 동물의 산란지가 되는 넓은 갯벌을 가지고 있다. 특히 해안에는 수많은 천연어항이 형성되어 있어 연안어선 어업에 적합한 환경을 마련해준다. 최근에는 국가의 농어촌 투자에 힘입어 어항의 대부분을 양륙항으로 활용할 수 있게 되었고, 운송수단이 직접 작업장 또는 조업선에 접안할 수 있는 기반시설을 갖추고 있다. 이런 자연적 그리고 인공적인 환경을 갖춘 어장을 대체하기란 쉽지 않다.

한·중 어업협정 이후 꽃게잡이를 주업으로 하던 근해기타통발어업은 한때 200여 척이던 어선이 2007년도에는 50여 척으로 대폭 축소되었다. 이마저 2010년까지 30%를 더 감척할 예정이다. 우리나라의 꽃게 어획량이 줄어들자 중국과 세계 각국에서 꽃게가 수입되어 꽃게의 가격은 몇 년째 제자리걸음이다. 근해통발어선이 주 조업지였던 동중국해 어장에서 중국어선의 세력에 밀려 연안 어장으로 밀려들어 왔지만, 대량생산을 위해 건조되고 고가의 설비가 장착된 어선들은 좁은 연안어장에서 경쟁력이 없어 대량 파산사태까지도 경험하였다. 결국 양질의 선원들은 업계를 떠나게 되었고 그로 인해 선원수급에 많은 문제가 발생하였다.

이런 국내외적인 상황변화에 대처하기 위해서는 작업방법 개선을 통한 경비절감, 어구성능 개발을 통한 단위 노력당 생산성 향상, 자동화 설비개발을 통한 인원 감축 등을 통해 어획노력량을 감소하면서도 소득을 증대할 수 있는 방안이 마련되어야 한다. 어획노력 감소와 소득의 향상을 긍정적인 관계로 만들기 위해서는 자동화 설비와 어구의 개발이 필수적이며, 여기에는 많은 자금과 기술과 노력이 투입되어야 한다. 따라서 국가 차원의 지원과 어민의 참여가 절대적으로 필요하다. 또한 휴어기 확대에 따른 어민들의 소득보전과 개발된 어구와 자동화 설비구입에도 정부의 재정적 지원이 요구된다.

꽃게 치어방류사업이 정부주도의 실적위주 사업에서 벗어나, 정부에서 투입하는 자금이 자원조성에 최대한 효율적으로 사용될 수 있도록 민간단체와 어민이 직접 참여할 수 있게끔 제도적으로 보장되어야 한다. 어업생산이 예측 가능하고 관리 가능한 계획 생산 체계로 안정되면, 단순히 최대 어획이 아닌 시장에서 요구하는 어획이 이루어질 것이다.

이렇게 어획된 생산품은 글로벌 시장에 내놓을 수 있는 상품으로 마케팅 되어야 한다. 용도에 맞게 규격화, 표준화된 어류를 판매하기 위해서는 대상별로 선별하여 기능성 포장으로 상품화하여야 한다. 이렇게 함으로써 고품질의 제품을 생산하여 생산 단위당 부가가치를 최대화할 수 있을 것이다.

이런 모든 사업을 입안하고 추진하기 위해서는 수산업협동조합의 역할이 절대적으로 중요하다. 수협은 정부의 지원을 이끌어내어야 하고 자원관리를 위하여 불법어업을 단속하고 꽃게 치어방류사업 등 현장의 관리에 적극적으로 참여할 필요가 있다. 수협은 어업인, 어업인 단체, 지방자치단체, 정부가 함께 수산자원을 관리하여 지속가능하고 경제적인 어장으로 만들 수 있도록 주도해야 한다. 또한 소속 어민의 교육과 현황 파악에도 관심을 가져야 한다. 어업인들 역시 기존의 어로 관행에서 벗어나 적극적으로 어업관리에 참여해야 한다. 어업인들은 단순히 어로작업에 참여하여 이익만을 누리는 수혜자가 아니라 어자원을 보호하고 관리하는 능동적인 주체로 자리매김해야 한다. 어업인의 노력과 정부의 적극적인 지원이 있다면 한·중 어업협정으로 위축된 근해기타 통발어업이 사양산업이 아닌 효자 산업으로 재도약할 수 있을 것이다.

제 3 부

어장공유와 어업규제

1. 한 · 중 어업협정

오늘날 어업은 해양의 생태 · 환경에 커다란 영향을 미치고 있다. 이에 대한 범국가적 대응책으로 유엔은 1973년부터 3차에 걸쳐 해양법협약회의를 개최하고 1982년에는 유엔해양법협약을 채택하였다. 여기에서 제시된 주요 사항들은 해양경계의 설정, 배타적 경제수역(EEZ, Exclusive Economic Zone), 총허용어획량(TAC, Total Allowable Catch) 등의 개념들이다.[1] 1994년 말부터 국제적으로 공식 발효되기 시작한 유엔해양법협약은 연안국의 어업정책에 많은 영향을 미치게 되었다. 한국과 일본은 1996년에, 중국은 1998년에 해양관할 체계를 배타적 경제수역 체제로 전환하였다. 한 · 중 · 일 3국이 신해양법체계인 배타적 경제수역 제도를 수용함으로써, 기존의 어업관계는 새로운 체계에 부합되도록 정립할 필요성이 대두되었다. 그 결과 한 · 일 어업협정이 1998년에 서명되어 1999년 1월 22일 발효되었으며, 한 · 중 어업협정은 2000년 8월에 서명되어

1 외교통상부 조약국 편, 『동북아 해양법령과 유엔해양법협약집』(서울 : 일조각, 2006).

2001년 6월 30일 발효되었다.

신해양질서의 등장으로 연안국들은 해양자원을 확보하기 위해 경쟁적으로 보다 넓은 범위의 수역을 관할하고 통제하려 하고 있다. 이로써 국제적으로는 자유해양 및 어장공유의 시대에서 해양분할 및 어업규제의 시대로 옮겨가고 있다. 배타적 경제수역은 자원보존보다는 자원이용에 초점을 둔 개념이며, 지금까지 '공유어장'으로 간주하고 이용해왔던 연안수역을 배타적 경제수역이라는 이름으로 연안국의 관할권에 편입시켜 연안국의 배타적 권리와 이익을 보장하고 있는 체제이다.[2] 한・일, 한・중 어업협정의 체결은 곧바로 어업에 종사하는 개인들 및 단체들로 하여금 기존의 '공유어장'에 대한 인식을 제고하고, 지속가능한 자원개발이라는 대명제 아래 '어업규제'를 수용하게 한다. 이런 어업규제는 어업인들의 입장에서가 아니라 정부나 정책기관들의 입장에서 지속가능한 개발이 주도되어 왔음을 보여주고 있다.

1970년대 이후 수산물 소비의 급격한 증가는 어업생산과 어구의 현대화, 그리고 어업투자 증대를 유발하였다. 수산물의 공급량을 늘리기 위한 생산위주의 수산정책은 수산자원의 남획과 고갈을 불러왔을 뿐 아니라 어업의 지속적 개발에 구조적인 한계를 드러내고 말았다. 이런 현실에 당면하자 연안어업 국가들은 수산질서를 새롭게 재편하고 구조조정을 통하여 해양생태환경과 자원상태가 조화롭고 경쟁력 있는 수산업으로 전환하고자 노력하고 있다. 국내외의 해양질서와 수산경제가 급변하고 있다는 사실 이외에도 어업분야에서 직면한 중요한 문제들은 근본적으로 여러 가지 요인들이 복잡하게 서로 연관되어 있다는 점에서 심각성이 더해지고 있다. 그 중 하나는 직업으로서의 상업적 어업의 성격이 변화하고 있다는 사실과 결부되어 있다. 즉, 과거 '전통'적 형태의 상업

2 박제영, 『동북아 신어업협정체제하에서의 어업협력방안에 관한 연구』(부경대학교 박사학위논문, 2003), 12쪽.

적 어업과는 사회적으로, 경제적으로 확연하게 다른 형태의 상업적 어업이 이미 자리를 잡아가고 있다는 것이다. 또 다른 하나는 여러 규제 조항과 관리지침으로 묶여 있던 한정된 자원과 축소된 어장사용을 두고 점차 경쟁이 치열해지고 있다는 사실에서 비롯된다.

여기에서는 한·일, 한·중 어업협정 이후 정부의 어업관리 정책의 변화와 꽃게통발 어업인들의 적응 양상을 구체적으로 살펴보고자 한다. 먼저, 정부주도의 어업규제 정책이 등장하게 된 이론적 배경을 '공유재산의 비극' 이론을 통해 고찰할 것이다. 그 다음으로는 정부의 어업규제 정책 중에서도 꽃게 통발어업에 직접적인 영향을 미치고 있는 어선감척 사업을 중심으로 정부 주도의 어업관리 정책이 어떻게 집행되고 있는지를 어업인의 입장에서 분석하고자 한다. 마지막으로, 이런 어업규제 정책에 대응하여 꽃게통발업에 종사하고 있는 어업인들이 어떤 관리방안을 마련하고 있는지를 사례를 통해 기술하고자 한다.

2. 꽃게 통발어업

꽃게 통발어업은 '기타통발어업'이라는 명칭으로 장어통발어업과 함께 근해통발수산업협동조합(이하 근해통발수협)에 소속되어 있다. 통발어업은 어선규모에 따라 근해통발어업과 연안통발어업으로 구분된다. 근해통발어업은 어선 총톤수 8톤 이상에서 70톤 미만(장어통발) 혹은 80톤 미만(기타통발)의 동력선으로 통발을 사용하여 체포하는 어업으로 해양수산부장관의 허가어업이다. 연안통발어업은 무동력선 또는 8톤 미만의 동력선으로 통발을 사용하여 체포하는 어업으로 도지사의 허가어업이다.

경남 통영시에 설립된 근해통발수협은 1982년 '장어통발수협'으로 발족된 어업인 단체이다. 장어통발 어업은 1980년대 이후 대나무 통발에서 플라스틱 통발로 어구를 개량하면서 어구의 적재가 용이해지고, 냉동기를 도입하여 장어를 냉동보관할 수 있게 됨에 따라 점차 어선이 대형화되고 어선 수도 증가하였다. 그러나 장어통발 어업을 하던 일부 어선들이 1980년대 후반부터 통발로 꽃게를 잡기 시작하면서 장어통발 어업은 점차 꽃게를 잡는 기타통발어업으로 분화되어 나갔다.

나는 1991년부터 수산업을 시작하였다. 냉동선을 처음 시작한 장본인이다. 꽃게는 잡아서 살려 와야 돈이 된다는 고정관념을 버린 것이다. 잡은 꽃게를 배에서 곧바로 냉동하여 저장하면서 작업능률과 상품성을 확보할 수 있었다. 당시는 활어(활게) 형태로 판매를 하고 있었다. 그러다보니 시장에서 수급조절이 가장 큰 문제였다. 활어는 쉽게 상하고 운반시설이 좋지 않아 활어의 상품성을 유지하기가 까다로웠다. 당시는 빙장을 했다. 갑각류는 빙장이 곤란한 생물이다. 빙장을 하게되면 장이 상하기 쉽다. 냉동을 시키면 장을 상하지 않고도 선도를 유지할 수 있다. 그래서 꽃게를 냉장할 수 있다면 사업성이 있다고 판단했다. (정○욱, 남, 55세, 선주)

1990년대 초기 꽃게잡이 어선에 냉동기가 장착되어 통발로 잡은 꽃게를 급랭하는 방법(꽃게를 '굽는다'고 표현한다)으로 저장운반하면서 꽃게잡이는 활기를 띠게 되었다. 당시 부산 어판장에는 데구리배(쌍끌이어선)가 간혹 꽃게를 들여오기는 했지만, 냉동 꽃게처럼 한꺼번에 많은 물량이 쏟아져 들어온 적은 없었다. 데구리배가 잡은 꽃게는 그물을 끄는 조업과정에서 다리가 떨어지는 등, 상품으로서의 가치가 낮았을 뿐만 아니라 꽃게의 몸통에 뻘(개흙)과 모래가 뒤섞여 있어 손질하기도 쉽지 않았다. 하지만 급랭해 들여온 꽃게는 신선도 유지는 물론 온전하게 보관한 덕분에 상품성이 높았다. 또한 전통적으로 어류를 담던 나무상자에 담지 않고 선상에서 냉동한 채 들여오기 때문에 깨끗하여 상인들과 소비자들이 선호하였다. 1991년부터 시작된 꽃게 통발어선(냉동선)은 활어선 형태로 꽃게잡이를 하던 사람들과 장어통발어업을 하던 사람들에게 많은 자극을 주었다. 당시에는 어획량이 많으면 운영여부와 상관없이 망하지 않는다는 분위기가 팽배하였다.

기타통발어업이 늘어나게 된 결정적인 계기는 1990년대 초반에 양쯔강 수역에서 꽃게어장이 발견되면서부터이다. 장어잡이를 하던 통발어선이 꽃게 통발로 전환되려면 선주가 장어통발어업 허가를 반납하고 꽃게잡이를 할 수 있는 기타통발어업으로 허가를 변경해야 했는데, 이때 통영에서 장어통발 어선어업을 하던 사람들이 허가를 반납하고 꽃게잡이로 전환하였다. 한꺼번에 20여 건이 허가변경('기리까이')을 했을 정도로 꽃게잡이가 호황을 누렸다고 한다.

당시 '기타통발어업'에는 꽃게잡이 통발어업 이외에도 안강망 어선들에게 한시적으로 꽃게와 새우 등 기타 생물을 잡을 수 있도록 한 '기타통발어업' 겸업허가를 보유하고 꽃게잡이를 한 어선들이 다수 포함되어 있었다. 어선감척 사업을 진행할 무렵 전국에서 기타통발어업 허가를 보유한 어선 중에서 실제 꽃게잡이에 종사한 어선은 120척이 넘었다. 기타통발어업 허가를 받은 어선들이 늘어나면서 장어통발수협은 1996년에 근해통발수협으로 개칭되었다.

1985년 기준으로 장어통발수협에 가입한 통발어선은 약 300척이었다. 1996년에 기타통발 어선 43척이 조합원으로 가입되면서 근해통발수협은 장어통발어업과 기타통발어업(꽃게잡이)으로 구성되었다. 꽃게 통발어업은 급성장하다가 1998년에 위기를 맞았다. 꽃게가 잡히지 않게 되면서 부도가 난 어선들이 늘어났다. 엎친 데 덮친 격으로 1999년 신 한·일 어업협정이 발효되면서 근해통발어업 가운데 특히 동해에서 주로 조업을 하던 장어통발어업은 직격탄을 맞은 셈이 되었다. 그 후에 체결된 한·중 어업협정은 기타통발어업에 큰 타격을 주었다.[3]

3 김학기, 「신해양질서 개편에 따른 한·중간의 어업협정이 국내 수산업에 미치는 영향」(한국해양대학교 석사학위논문, 2000).

〈사진 3-1〉 출항 중인 꽃게 통발어선

2007년 현재 근해통발수협에서 파악된 근해통발어업 종사자는 총 120명이다. 이 숫자는 조합원 가입대상 수를 의미한다. 이중 조합원은 90명이다. 2006년에 비해 조합원 대상자는 130명에서 120명으로, 조합원 수는 100명에서 90명으로 줄어들었다. 전체 조합원 90명 중에서 기타통발어업 조합원은 35명이다. 기타통발 어업인 역시 2006년 39명에서 2007년 35명으로 감소하였다. 기타통발 어선의 숫자는 2006년 45척에서 2007년 39척으로 줄었으며 총톤수는 2,850톤에서 2,520톤으로 감소하였다. 2006년도에 비해 척수는 6척이나 감소되었지만 주로 소형어선이 줄고 중대형 어선은 크게 줄지 않았다. 구체적으로 31~40톤급의 소형어선 8척은 모두 사라진 반면, 41~60톤급은 1척에서 7척으로 늘어났으며 61~80톤급은 36척에서 32척으로 줄어들었다.[4]

한 · 일, 한 · 중 어업협정 체결과 더불어 국내외적으로 어업환경이 어려워지자 2002년에 기타통발어업에 종사하던 선주들이 중심이 되어 '근해기타통발선주협의회'(이하 선주협의회)를 결성하였다. 정부차원의 어업규제 정책의 입안 및 시행 과정에 어업인 단체가 보다 적극적으로 참여하고 자신들의 입장을 전달하기 위한 통로를 마련한 것이다.

> 그 동안 우리가 작은 이권에 연연하여 조그만 성공에 자만하고 있는 동안 국제 어업환경은 돌변하였으나 우리는 아무 준비도 대책도 없이 우리의 주어장을 뺏겼고, 무능력하고 무책임한 정부는 대체어장을 해준다는 약속은 어디가고 일방적으로 TAC(총어획할당량) 실시하고, 사장되다시피 한 망목을 들먹이며 또 다시 우리를 무시하여 생존권을 위협하고 있습니다.
>
> (근해기타통발선주협의회 창립총회 회장 인사말 중에서)

2002년 선주협의회 창립 당시에는 총 43명으로 출발하였지만 2007년 현재는 총 15명만이 회원으로 활동하고 있다. 선주협의회 창립 이후 계속된 불황으로 일부는 파산하고 또 일부는 어선감척으로 인하여 사업을 중단하면서 회원 수가 급격하게 줄기 시작하였다. 2003년 12월 회의에는 40명, 2004년 10월에는 38명, 2007년 1월 회의에는 26명이었다가 2007년 12월 기준으로 15명만이 정회원으로 활동하고 있는 상태이다.[5] 양쯔강 해역에서 주로 조업을 하던 꽃게 통발어선들은 한・중 어업협정으로 조업구역이 축소되고, 조업 해역에서의 어장오염 및 중국 측 어선들과의 경쟁으로 인해 심한 타격을 받고 있다.

4 근해통발수산업협동조합의 2006년도 및 2007년도 『결산보고서부속서류』를 참조하였다.

5 회원 중 일부는 회비 미납으로 자동 탈퇴당한 사람도 있다. 기타통발업에 종사하고 있는 선주들 중에서 지구별 수협인 통영시수협에 가입한 10여명은 선주협의회에 가입하지 않고 있다.

3. 어장공유와 '공유재산의 비극'

수산자원은 공유재산적인 성격을 지니고 있어 이용은 자유롭지만 어업관리 측면에서는 공적 규제관리가 주종을 이루고 있다. 따라서 개별적으로 수산자원을 이용하고 있더라도 외부 조건에 직접적이며 집중적인 영향을 받고 있으며, 시공간적으로 상호 관련성을 지니고 있다는 특징이 있다. 수산자원의 이용이나 개발에서 발생할 수 있는 외부적인 혹은 부정적인 효과를 최소화하고, 지속적으로 어업자원을 이용하고 개발하기 위해 공유적 성격을 지닌 어장을 어업단체나 국가가 제한하기도 한다.

현대 사회에서 공유재산에 대한 논쟁은 자본주의에 대한 정치경제학적인 이해, 구체적으로는 자본주의 시장의 '실패'라는 자유주의 경제론자들의 비판에서 초래되었다.[6] 모든 사람에게 어장(목초지) 또는 노동시장에 들어갈 수 있는 권리가 개방되어 있다는 것은 곧 어장이 남획되고 노동시장은 저임금과 노동계급 착취를 야기하면서도 노동인구를 과잉상태로 이끈다는 것이다. 즉, 모두에게 자유로운 진입을 허용하는 상황에서는 과잉이용과 과잉인구가 발생되는 까닭에 어장을 가꾸거나 임금을 올리는 일은 거의 생산적인 방안이 되지 않는다는 주장이다. 남획의 징조가 있다 하더라도 개별 행위자들은 한 척이라도 더 어장에 들여보내는 것이 개인적인 입장에서는 이익을 초래하기 때문에 합리적이라는 설명이다. 이런 개별적 이윤추구 행위는 그로 인한 비용이 개인이 아니라 이웃들에게 전가되기에 가능하다는 것이다. 하지만 개인적으로는 합리적인 결정의 총합이 집단 전체를 비합리적인 딜레마에 빠지게 한다는, 즉 자유가 파멸로 이어진다는 주장이 흔히 말하는 '공유재산의 비극' 이

6 이용수, 『연근해어업의 시장원리적 어업관리에 관한 연구』(부경대학교 박사학위논문, 2006).

론이다.[7]

일반적으로 수산자원은 공유재산적인 성격을 지니고 있어 자원의 이용이 자유롭다는 특징이 있으며, 이런 공유재산적인 수산자원을 효율적으로 이용하기 위해서는 공적인 규제관리가 필요하다.[8] 이와 같은 인식 이면에는 첫째, '모든 사람의 자산은 누구의 자산도 아니다'라는 명제와 '누구도 소유하지 않는 것은 아무도 관리책임을 지지 않을 것'이라는 전제가 깔려 있다.[9] 이와 같은 전제 아래 어업인들은 그 누구도 중도를 취해야 할 이유가 없다. 어류가 성장하기를 기다리며 자신의 어획량을 줄이는 사이에 다른 사람들이 어류가 성장하기 전에 미리 포획해버리기 때문이다. 이런 상황에서는 오히려 어류가 크자마자 잡아버리는 것이 상책이다. 이렇게 하는 행위는 비록 근시안적인 것이기는 하지만 어부의 입장에서 보면 이것이 합리적이다. 그러나 이런 관점을 어부 집단 전체로 확대하면 공유의식이 사라진다. 그래서 개인적 이해관계와 집단적 이해관계가 충돌하게 된다.

한편, 풍부한 수산자원이 적절하게만 이용된다면 어부가 자신의 노동과 자본을 사용하여 그 대가로 얻을 수 있는 수익, 즉 정상수익 이상이 발생할 것으로 예상된다. 자신이 투자한 자본과 노동력 이상의 수익을 자원이용에서 얻을 수 있는 상황에서 어부는 투자를 증가하여 더 높은 이익을 창출하려 할 것이다. 만약 어획에 대한 제한이나 조정없이 모든 어부들이 정상적 이윤에 도달한다면, 시장에서 조절이 발생한다. 이 지점에서 어부들은 정상수익 이상을 창출하지 못하게 될 것이다. 따라서 자원에서 얻을 수 있는 이익을 최대로 유지하려면 여러 가지 공적인 규

7 Hardin, "The Tragedy of the Commons", *Science* 162, 1968.

8 공유재산의 비극 이론을 비판적으로 검토하면서 사회적 제도로서 공유재산이 이용되고 있는 사례들은 경제학과 인류학을 비롯한 인접학문에서 자세하게 다루고 있다. 이와 관련해서는 McCay and Acheson(1987)과 Ostrom et al.(1988) 등의 연구를 참조하기 바람.

9 McCay and Jentoft, "Market or Community Failure? Critical Perspectives on Common Property Research", *Human Organization* 57(1), 1998.

제가 필요하다는 것이 두 번째 전제이다. 자원에서 최대수익을 유지하기 위해서는 총생산량이 제한되어야 하고 동시에 어로작업에 투입되는 어구와 어선, 그리고 인력에 대한 통제가 병행되어야 한다. 즉, 총생산량을 제한하여 어자원들이 자체 재생산할 수 있는 능력이 보장되어야 하고, 장비와 인력을 통제하여 어부를 다른 어부들로부터 보호할 수 있다는 것이다. 그래서 정부 당국이 나서서 적절한 조치를 취해야 한다는 입장이 지배적이다. 이런 전제 뒤에는 '공유재산의 비극'이 모든 어부들에게 아직까지 발생하지 않았다면 그것은 단지 시간문제일 뿐이며, '비극'이 발생하기 이전에 정부가 앞장서서 공적인 규제를 해야 한다는 논리로 귀결된다.

정책 당국이 강력한 어업규제를 도입하고자 할 때 세계 여러 나라에서 '공유재산의 비극' 이론을 그 근거로 내세우고 있다. 그러나 어업규제는 세계 여러 나라에서도 시행착오와 부작용 혹은 의도했던 것과는 반대되는 결과가 나타나기도 한다. 특히 200마일 배타적 경제수역(EEZ)의 도입은 국제적으로 많은 부정적인 결과를 초래하였다. 무엇보다도 어자원 문제를 한꺼번에 그리고 모든 것이 해결될 수 있을 것이라는 기대를 불러일으켰다는 점에서 특히 그렇다. 공적규제는 '비극'의 방지를 의미한다. 그러나 어떤 면에서 '규제'는 또 다른 비극을 내포하고 있다. 자원과 어획능력 사이의 적절한 관계를 창출하기 위해 어선을 감척하는 일이 정책당국의 중요한 업무가 되고 있다. 하지만 어획능력 감소는 그 자체로 어업공동체에 심각한 영향을 미친다. 어부들은 서로가 경쟁자이면서 동시에 상호의존자이기 때문에 어선감척으로 인해 어업공동체의 기반이 허물어질 개연성이 크다. 또한 공적규제는 어업을 간섭할 뿐만 아니라 어업을 지속시키고 어업공동체가 적절하게 유지될 수 있는 역동성에도 악영향을 끼칠 수 있다.

한편에서는 '공유재산의 비극' 이론은 분리되어야 할 두 개념, 즉 공유재산(common property)과 자유접근(free access)을 뭉뚱그려 놓았기 때문에 오류라고 지적하고 있다.[10] 전통적으로 공유재산 제도는 누구나 접근이 보장되던 체계가 아니었으며 또 그런 행동에 제한을 두지 않았던 것도 아니다. 공유재산은 마을을 대표하는 조직이나 위원회에 의해 통제되었으며 그 구성원들이 함께 관리하던 '공동의 어장(목초지)'이었다.[11] 그리고 어부들은 어로 구역에서 항상 경쟁만 하는 사이가 아니라 많은 경우 서로 밀접하게 협조한다. 어부들은 엄밀한 의미에서 단독으로 작업하거나 공유재산 이론에서 말하는 바와 같은 경쟁관계에 있지도 않다. 어구를 투망投網하거나 양망揚網할 경우 서로 충돌을 피하기 위해 서로 협력한다. 예를 들어 특정한 장소에서 작업할 경우, 먼저 온 순서대로 어구를 설치할 수 있는 권리를 존중하는 것이 공통 관행이다.

오늘날 어업에서 가장 기본적이면서 상호 관련된 문제들은 생물학적인 문제, 경제적 문제, 그리고 환경적 문제로 압축된다. 즉, 자원의 남획으로 인한 위험과 어군의 (재)생산성에 미치는 영향, 어선들의 과잉 자본투자와 과잉 확장으로 인한 문제, 그리고 해양의 어로 자원과 자연 서식지에 미치는 어업의 부정적인 결과 등이 그것들이다. 비록 그 원인과 해결책들에 대해서는 의견이 분분하지만, 대부분 어업에 대한 규제의 필요성에 대해서는 공감하고 있다. 무엇이 좋은 방법이며 어떤 방식으로 어떻게 규제할 것인가에 대해서는 처해진 상황에 따라 서로 다른 입장을 보이고 있다.

일반적으로 어업자원에 대한 관리주체를 누구로 하는지에 구분의 초점을 두고, 크게 지역중심적 관리(community-based management), 시장원리적 관리(market-based management), 그리고 협동관리(co-management)로 분류하고 있다.[12] 하지만 어업관리에 대한 다양한 주장과 이론에도 불구하고 20세

10 Jentoft, *Dangling Lines, The Fisheries Crisis and the Future of Coastal Communities*, Newfoundland : ISER, Memorial University of Newfoundland, 1993, p.27.

11 박정석, 「어촌마을의 공유재산과 어촌계」, 『농촌사회』 11(2)(한국농촌사학회, 2001); 서정호, 「어업공동체의 결속력 변화요인」, 『농촌사회』 12(1)(한국농촌사학회, 2002).

기 말부터 세계의 어업이 위기에 처해 있다는 사실은 거꾸로 정부가 강력한 어업규제를 실시해야 한다는 당위성을 내세우는 데 힘을 실어주고 있다.

정부가 최적의 어업경영에 대한 책임을 지고 필요한 경우에는 법률과 규제를 사용하는 위계적 관리(hierarchial governance) 체제 아래서 대부분의 어업은 언제, 어떻게, 어디서 조업할지를 허가하는 법적 또는 행정적인 수단을 통하여 규제된다. 우리나라의 경우, 어업허가제가 이에 해당된다. 어업허가 제도의 문제점은 다양한 규제(어구·어법 허가, 참여자 수 제한, 어선의 톤수와 마력 제한, 망목 크기, 체포금지 체장, 금어기, 조업제한 구역, 금지어업 등)에도 불구하고 어업자원의 남획이 가속화되었다는 것이다.[13] 이와 같은 정부주도의 어업관리 체제는 대부분의 국가에서 지배적인 방식이기는 하지만, 내외부적으로 이런 방식은 시대에 뒤떨어진 것이며 복잡한 현대 어업구조에서는 부적합하다는 비판을 받고 있다. 그래서 대안으로 떠오는 관리체제가 시장관리(market governance)와 참여관리(participatory governance)이다.[14]

시장관리 체제를 옹호하는 사람들은 정부가 시장 혹은 시장조건을 가능한 많이 창출하여 어업관리가 시장의 원리에 따라 형성되어야 한다고 주장한다. 어업에서 개인양도성할당제(Individual Transferable Quotas, ITQ)는 이 모델의 대표적인 사례로 제시된다. ITQ는 총허용어획량(TAC)을 자유로이 거래할 수 있는 사적 권리로 분할하여 시장을 창출하거나 시장체계를 모방하는 것이다. 어부 개인은 자신의 이윤과 사회적 비용을 상호 비교하여 개인보다는 사회전체를 위한 어로활동이 가장 효율적인 방식임을 깨닫는다는 주장이다. ITQ 제도는 기본적으로, "개별어업자들에게

12 이용수 앞의 논문(2006), 2쪽.

13 류정곤 외, 『우리나라 ITQ제도 시행을 위한 기반조성 연구』(서울 : 한국해양수산개발원, 2004), 83쪽.

14 van Vliet and Dubbink, "Evaluating Governance", in Jan Kooiman, Mratijn van Vliet and Svein Jentoft(eds.), *Creative Governance*, Aldershot : Ashgate, 1999, p.14.

어업자원의 이용에 대한 배타적 재산권을 부여함으로써, 그들 스스로가 시장경제원리에 입각한 자발적 어업행위를 통해 어업의 제 문제를 해결할 수"[15] 있으리라는 전제를 바탕으로 하고 있다.

참여관리는 정부가 어업을 통제하는 일을 독단적으로 처리해서는 안 된다는 입장이다. 즉, 예측 불가능한 생물학적, 경제적, 정치적 상황에서 비롯되는 어업경영의 본질적인 복잡성으로 인해 어업은 어느 한 기관이 적절한 방식으로 통제할 수 있는 충분한 지식, 합법성, 권력을 발휘할 수 있는 대상이 아니다. 따라서 어업의 이런 복합적인 문제를 해결하기 위해서는 책임의 어떤 부분은 사용자 집단 및 다른 관계자들에게 양도해야 한다. 그렇게 함으로써 여러 분야에서 산발적으로 축적된 지식과 관리능력들이 통합될 수 있다. 일반 시민들과 어업 '관계자'들이 공공정책의 입안과 도입에 적극적으로 참여해야 한다는 점에서 참여관리는 협동관리(co-management)로 불리기도 한다.[16] 협동관리는 공공정책의 결정과정에서 소외되었던 조직들과 개인들이 제 몫을 찾아야 한다는 가장 기본적인 원칙에서 출발한다.

4. 어업규제와 어선감척

1970년대 이후 국제적인 어업환경이 급격하게 변화하고 있다.[17] 특히 1972년 스웨덴 스톡홀름에서 개최된 '유엔인간환경회의'에서 지구환경에 관한 기본헌장으로 인정받고 있는 '스톡홀름 선언'이 채택되었다. 이 회의에서 오늘날 어업관리의 주요 관심사가 되고 있는 자원의 한계, 환

15 류정곤 외, 앞의 연구(2004), 5~6쪽.
16 van Vliet and Dubbink, ibid, p.22.
17 김현자, 「유엔해양법협약 발전과정과 한국의 대응전략」(부경대학교 석사학위논문, 2007).

경의 변화, 그리고 생태계 문제 등이 국제적인 관심사로 대두되었다. 즉, 자연자원의 개발과 이용, 그리고 생태환경 문제가 어업의 새로운 문제점으로 부각되었으며, 효과적인 자원관리 없이는 적정수준의 어획량을 유지할 수 있는 지속적 개발이 불가능하다는 것을 인식하게 되었다.

1) TAC와 ITQ 제도

오늘날 어업의 위기는 크게 두 가지 측면에서 비롯된다.[18] 첫째는 어자원의 보호 부재와 선단의 과잉확장이다. 둘째는 어업관리의 위기이다. 어업을 관리하면서 정부는 물론 어업단체들도 어려움을 호소하고 있다. 특히 정부 차원에서 막대한 노력과 재정을 투입했음에도 불구하고 어군을 보호하는 데는 그다지 성공적이지 못했다. 1970년대까지 어업자원은 지속가능한 총량 이상으로 남획되었다. 그리고 급속하게 발전한 원해어업 역시 새로운 어장을 개척하자마자 근해어업과 마찬가지로 남획문제에 직면하게 되었다. 일부 어업종사자들은 총 어획량을 규정하면 궁극적으로 연간 어획량에는 변동이 없을 것으로 낙관하기도 한다. 그들은 환경보호를 위한 보다 나은 수단을 동원하고 동시에 어업관리 수준을 향상시킨다면 이런 목적은 달성되리라 주장하고 있다.

남획되거나 과잉어획되고 있는 어업자원을 보호하고 회복시키기 위한 방안으로 크게 두 가지 접근법이 있다. 하나는 자원을 조성하고 관리하는 것이고, 다른 하나는 어획량을 규제하는 것이다. 어획량을 규제하는 방법은 다시 두 가지로 나뉜다. 어획에 필요한 투입요소를 제한하는 것과 어획할 수 있는 총생산량을 규제하는 것이 그것이다. 어획에 필요한 투입요소를 제한하는 방법 중의 하나가 어선감척이다. 적절한 자원관리

18 van Vliet and Dubbink, ibid, p.12~13.

를 통해 어업자원을 지속가능한 수준으로 조성하고 관리·개발할 수 있는 가능성은 여러 가지 여건상 매우 어려운 실정이다. 또한 총생산량을 제한하는 어업규제 정책은 생산량에 대한 관리와 규제가 곤란할 뿐 아니라 현실적으로 여러 가지 부작용이 우려되어 포괄적인 정책으로 집행되지 못하고 일부 어종과 특정 어장에 한해서만 실시되고 있다.[19]

TAC 제도를 보완하기 위한 방안으로 대두된 것이 ITQ 제도이다. 하지만 ITQ 제도를 도입하기 위해서는 다음과 같은 몇 가지 전제조건을 충분히 검토해야 한다.[20] 첫째, 어종별로 쿼터를 정하여 관리되어야 하고 둘째, 개별할당량을 거래할 수 있는 동기가 있어야 하고 셋째, 개별적인 양도 및 매매를 위한 여건이 형성되어 있어야 하며 넷째, 정책적으로는 물론 업계에서도 ITQ 제도의 도입에 대한 필요성을 인식하고 있어야 한다.

ITQ 제도는 자신에게 배분된 어획량을 채우지 못했을 경우 잉여 할당량을 자신의 할당량을 먼저 소진한 개인(혹은 어선)에게 다시 분배하는 방식으로 이루어진다. ITQ 제도의 문제는 혼획하거나 표적어획을 하는 경우에는 오히려 자원 남획이 증가된다는 점이다. 특정한 어종을 대상으로 하는 어업이면서 비교적 선단규모가 적은 경우에는 어업인들 간의 합의를 도출하기가 쉬워 ITQ 제도가 효율적으로 시행될 수 있다. 하지만 어획량이 아니라 시장가격의 등락이 어업인들의 수익을 좌우할 경우에는 그 실효성이 떨어진다.

ITQ 제도의 가장 큰 문제는 어업자들의 권리와 어업의 특성이 적합하게 반영된 개인할당량이 산정될 수 있는가 하는 점이다. 개인할당량을 산출할 수 있는 근거자료의 공정성과 과학적 엄밀성에 바탕을 두고 산정된 TAC의 정확성이 제도운영의 관건이 되기 때문이다. 이런 난관

19 2006년 기준으로 대형선망어업의 고등어, 정어리, 전갱이, 근해통발·자망어업의 대게, 붉은대게, 잠수기어업의 개조개, 키조개, 제주도 마을어업의 소라, 연근해자망·통발어업의 꽃게, 근해채낚기·대형트롤·동해구트롤·대형선망어업의 오징어 등이 TAC 할당 대상어업 및 어종으로 지정되어 있다(해양수산부, 2005).

20 류정곤 외, 앞의 연구(2004), 89~91쪽.

을 극복하고 개인양도성할당제를 시행하더라도 어느 시점이 지나면 부작용이 나타난다. 즉, 작은 고기는 바다에 버리고 큰 고기 혹은 가치가 높은 고기만 잡는 어로행위가 나타나며, 이렇게 되면 목 좋은 어장을 차지하고 자본을 많이 투자한 어부가 유리하게 된다.[21]

TAC 제도와 ITQ 제도를 시행하기 위해서는 여러 가지 제한조건이 필요하다. 특히 총생산량만 설정될 경우, 가장 큰 고기를 잡아서 가격으로 승부하려는 경쟁이 가열된다. TAC 제도를 실시한 국가들에게 나타난 문제는 '먼저 잡는 놈이 임자'라는 식으로, 설정된 총 어획량에 도달하기 전까지 경쟁적으로 먼저 많이 잡으려는, 소위 '올림픽 방식'이라 부르는 과당경쟁이 초래된다.[22] 따라서 총생산량 규제는 어로 장비와 인력에 대한 규제와 제한이 병행되어야 한다.[23] 이와 같은 문제점과 부작용 때문에 TAC 제도와 ITQ 제도를 국가적 차원에서 전면적인 어업관리 정책으로 도입하거나 시행하는 데는 어려움이 있다.

아이슬란드의 경우, 1983년에 도입된 대구의 할당량 제도는 할당량의 소유주인 선주가 사실상 어획권을 독점한다는 문제점이 지적되고 있다. 즉, 할당량 제도가 배타적인 소수집단에게 영구적으로 어로권을 부여할 뿐 아니라 이런 권리가 매매 가능한 상품으로 전환되고 있다는 것이다. 무엇보다도 이 제도는 상대적으로 소수인 정부관료, 대형선박 소유주 및 어업회사들의 손에 엄청난 자원을 맡겼다는 비판을 받고 있다.[24]

2) 어선감척 사업

어획량 규제정책에 나타난 여러 문제점과 애로점 때문에 정부의 어업

21 Jentoft, ibid, p.25.
22 류정곤 외, 앞의 연구(2004), 2쪽.
23 Jentoft, ibid, p.22.
24 Pálsson, "From Commons to Quotas", *North Atlantic Studies* 3(2), 1993, pp.17~18.

자원 관리는 가장 통제가 용이한 어획투입요소의 제한에 초점을 맞추고 있다. 그 중에서도 어선감척 사업이 가장 큰 비중을 차지하고 있다. TAC가 어획할 수 있는 총량을 규제하는 제도라면, 어선감척은 어선의 설비, 톤수, 인원, 노동강도 등을 규제하는 즉, 투입요소를 제한하는 제도이다. 한마디로 "어선감척 사업은 기존의 어선세력을 감척하고 그에 따른 어업허가를 취소함으로써 해당어업의 총 어획노력량을 줄이고자 하는 것이다."[25] 그러나 어선감척은 현실적으로 어획량이 증가하고 있는 특정한 어종을 제외한 모든 어종을 대상으로 할 때 그 효과를 기대할 수 있다는 한계가 있다.

어선감척 사업은 "수산물의 안정적 공급과 지속적인 연근해어업의 발전"을 위한 정책[26]이라고 하지만, 어선감척으로 인해 당장 일자리를 잃게 된 선장과 선원은 물론 철공소와 선구점 등을 비롯한 관련 사업에도 엄청난 타격을 초래한다. 어업규제 중에서 신참자의 진입을 제한하거나 차단하는 정책은 소위 '구명보트 딜레마'라 불리는 도덕적 문제를 야기할 수 있다. 즉, 구명보트에 정원이 찼을 경우 침몰의 위험을 무릅쓰고 한 사람이라도 더 태워야 하는가 아니면 구출을 바라는 사람들을 피해 가능한 멀리 노를 저어 떨어져 나와야 하는가 하는 딜레마이다.[27]

정책당국에서는 자원과 어획능력 사이의 최적의 관계를 유지하기 위해 어선을 감척하는 것이야 말로 중요한 업무라고 간주한다. 그러나 어선감척으로 인해 해체될 수도 있는 어업공동체 혹은 지역사회에 대해서는 상대적으로 관심이 저조하다. 요컨대, 공유재산의 '비극'을 피하기 위하여 도입한 어선감척 정책은 어업공동체의 해체라는 또 다른 '비극'을 불러 올 수 있는 개연성을 내포하고 있다.

25 표희동 · 권석재, 「우리나라 연근해어선감척 사업의 정책방향에 관한 연구」, *Ocean and Polar Research* 27(3), 한국해양연구원, 2005, 323~324쪽.

26 조정희 외, 『어선감척 사업의 국제비교와 정책적 함의』(서울 : 한국해양수산개발원, 2003), 1쪽.

27 Jentoft, ibid, p.24.

어업자원의 특성상 어선의 척수가 줄어든다고 해서 곧바로 어업자원이 회복되거나 증가된다고 단정하기가 어려워 어선감척 정책의 효과를 측정하기가 곤란하다는 지적도 있다.[28] 이처럼 "어선감척 사업은 그 규모와 방법에 따라 그 정책효과가 전혀 없을 수도 있다"[29]는 우려와 더불어, 설령 효과가 있더라도 그로 인해 어업공동체 전체가 해체될 수 있다는 문제점 또한 안고 있다.

우리나라에서 어선감척 사업이 시작된 시기는 1994년이지만, 1999년 한·일 어업협정이 체결되고 2001년에 한·중 어업협정이 발효되면서 이 사업이 본격적으로 실시되었다. 어선감척은 1994년부터 연근해 과잉어획능력을 줄이기 위해 실시하던 일반감척 사업과 국제 어업협정에 따라 어선을 감척하는 국제감척 사업이 있다. 일반감척은 1990년에 제정된 '농어촌발전특별조치법'에 근거하고 있으며, 국제감척은 1999년 제정된 '어업협정체결에 따른 어업인 등의 지원 및 수산업발전 특별법'을 따르고 있다.

이 두 사업은 지원조건에서 차이가 난다. 일반감척 사업은 연안어업과 근해어업을 분리하여 지원조건을 달리하고 있다. 일반감척의 경우, 연안어업은 감척에 소요되는 모든 비용을 국고 80%, 지방비 20%로 지원받고 있다. 반면, 근해어업의 경우에는 어선 및 어구 매입비는 100% 국고로 지원되지만, 폐업보상비는 국고 50%, 융자 30%, 자담 20%로 책정되어 있다. 한편, 국제감척은 어선 및 어구 매입비는 100% 국고에서 지원되고, 폐업보상비는 국고에서 90%, 자부담은 10%로 책정되어 있다.[30]

어선감척 사업의 정책설정, 정책집행, 그리고 정책의 성과에 대한 평가는 문제점이 많다. 특히 어선감척 사업에는 국내외적인 어업자원 문

28 조정희 외, 앞의 연구(2003), 2쪽.
29 표희동·권석재, 앞의 논문(2005), 324쪽.
30 조정희 외, 앞의 연구(2003), 91~92쪽.

제를 어선감척으로 해결하려는 의도가 내포되어 있다. 또한 어선감척 사업을 과학적인 자료와 근거에 의거하여 정책의 대상자인 어업인들과 충분한 논의를 거치지 않은 채 수립하였다는 비판도 일고 있다. 이처럼 어선감척 사업의 효과를 계량화하기 어려울 뿐만 아니라 어업인들마저도 어선감척 사업을 긍정적으로 평가하지 않고 있다.[31]

그럼에도 불구하고 "어선감척 사업은 과잉어획능력을 줄이는 방법 중에서 가장 효과적인 방법"[32]으로 제시되고 있다. 어선감척 사업을 주도한 해양수산부에서도 "연근해어선 세력을 어업자원에 적합한 수준으로 감척하여 지속가능한 생산을 도모함으로써 어업의 경쟁력을 강화하여 어업인의 소득 증대에 기여"하는 것을 연근해어업 구조조정사업의 목적으로 명시하고 있다.[33]

> 1999년 한·일 어업협정 이전까지 국가가 어업인들에게 도움을 준 것은 거의 없다. 어업협정으로 국제감척을 하게 됨으로써 어업인들만 희생자가 되었다. 해양수산부의 정책과정에서의 시행착오로 어업인들만 희생된 셈이다. 노후선 대체사업으로 노후선 감척신청을 하게 되면, 어업인들은 감척 보상금으로 영어자금과 부채를 청산하고 나면 빈손이다. 수협을 통해 노후선을 감척하는 정책은 잘못되었다고 생각한다. 어업허가를 반납하고 사업을 정리하면, 어선과 잔존시설물을 평가하여 대개 7-8억 정도의 보상금을 받는다. 빚이 없는 사람들은 이 돈을 받아 다른 곳에 투자할 수 있지만, 빚이 있는 사람들은 어업에서 떠날 수가 없다. 다시 (편법으로) 다른 노후선을 구입하여 사업을 계속할 수밖에 없다. (최○모, 남, 63세, 선주)

어선감척 사업으로 국내에서는 자원보호와 경쟁력 강화라는 효과가

31 위의 연구, 101쪽.
32 위의 연구, 106쪽.
33 해양수산부, 『2008년도 연근해어업구조조정사업 집행지침』(2008).

기대되지만, 조업지에서 한국 정부의 통제를 받지 않는 중국어선들과의 경쟁에서는 불리한 입장에 처하게 된다. 즉, '공유어장'에서의 경쟁은 한 척이라도 더 조업지에 투입하는 것이 '개인적'으로는 합리적일 뿐만 아니라, 제한된 해역에서 특정한 어종을 대상으로, 소위 '먼저 잡는 놈이 임자'라는 식으로 경쟁이 발생할 경우에는 어선 척수, 톤수, 마력 등이 우월할수록 유리한 위치에서 경쟁할 수 있기 때문이다.

감척사업은 2007~2010년까지 연근해 어선을 대상으로 실시되고 있다. 감척사업은 채산성 악화, 조업지 상실 등으로 어려움을 겪고 있는 어업의 경쟁력을 강화시킬 목적으로 정부에서 주도하고 있다. 기타통발의 경우, 한·중 어업협정 이후 중국어선의 세력이 크게 증가하여 애로를 겪고 있다. (한·중 어업협정 이후) 중국어선들의 숫자가 증가한 것은 물론 톤수도 커지고 있다. (김○섭, 남, 40세, 선주)

정부는 어선감척 사업이 자원이용에 투입되는 요인을 제한함으로써 자원남획을 방지할 수 있을 것이라는 표면적인 이유를 들고 있다. 그 배경으로는 첫째, 지속적인 어업자원의 감소에 따라 어획량이 감소하고 있으며 둘째, 어업자원에 비하여 과다한 어선세력으로 단위 노력당 어획량이 감소하고 있고 셋째, 어획량은 줄어들고 어가는 하락했지만 어업비용은 상승하여 어업의 경영악화가 심화되고 있으며 넷째, EEZ 선포와 어업협정으로 인해 어장이 축소되어 어업분쟁이 날로 심화되고 있다는 점을 들고 있다.[34] 하지만 자원보존과 자원이용이 균형을 이루면서도 어업인들의 경제적 이윤을 보장하기 위해서는 어선감척이라는 투입요소만을 제한하는 어업규제 정책은 한계가 있다. 규제정책의 효율적인 시행은 어업인들의 이윤창출이 보장될 때 가능하다. 왜냐하면 가난한 어

34 조정희 외, 앞의 연구(2003), 89쪽.

부들에게는 자원이용이 자원보존보다 항상 우선하기 때문이다.

5. 지도감독에서 협동관리로

최근 국제적으로 대두되고 있는 어업문제는 어업 그 자체에서 비롯되기보다는 대부분 관리의 위기에서 비롯된다고 할 수 있다. '지도와 감독'으로 이루어지는 중앙집권적인 의사결정, 그리고 상명하달식의 정책시행에서 비롯되는 전통적 어업관리 체계로는 국내외적으로 급변하고 있는 어업문제를 해결할 수 없다. 전통적인 어업관리 체계는 근본적으로 법적제도와 행정기구에 의존하고 있다. 그러나 새롭게 등장하고 있는 어업문제들은 기존의 법률을 강화하거나 새로운 법령을 도입하여 강력한 규제정책을 펴는 것만으로 해결할 수 없는 경우가 대부분이다.[35] 정부가 효율적인 어업관리를 위해 도입한다는 외부적인 규제 장치들이 늘어날수록 사용자인 어업인들에게 오히려 부담만 가중할 뿐이다. 이런 현상은 "어업관리는 어류를 관리하는 것이 아니라 사람을 관리하는 것"[36]이라는 사실을 망각한 데서 기인한다.

1) 한·중 어업협정과 어업관리

유엔해양법협약으로 야기된 신해양시대는 연안과 대양을 내수화하려는 정책으로 이어졌다. 특히 배타적 경제수역 설정과 한·일, 한·중 어업협정은 정부의 어업정책 방향을 전면적으로 수정해야 할 정도로 강

35 Symes & Phillipson, "Co-Governance in EU Fisheries", in Jan Kooiman, Mratijn van Vliet and Svein Jentoft (eds.), *Creative Governance*, Aldershot : Ashgate, 1999, p.59.

36 McCay, "Sea Changes in Fisheries Policy", in E. Paul Durrenberger and Thomas D. King (eds.), *State and Community in Fisheries Management*, Westport : Bergin & Garvey, 2000, p.205.

력한 영향을 미치고 있다. 신해양시대에 대응하기 위해서는 전통적인 방식의 어업규제만으로는 한계가 있으며 새로운 접근법이 도입되어야 한다는 자각이 일고 있다.[37]

대부분의 어업인들은 정부의 간섭을 싫어한다. 그러면서도 어업인 및 어업단체들은 정부와 지방자치단체들과 불가분의 관계를 맺고 있다. 정부와 어업인 양쪽을 고려한 대안으로써 대중적으로 잘 알려진 방안 중 하나가 '협동관리'이다.[38] 협동관리는 정부기관과 사용자 집단이 규제의 틀과 방식을 세우고 자원관리에 상호 협조하는 방식을 일컫는다. 따라서 협동관리는 행정 당국자와 어업인 양쪽 모두에게 비슷한 수준으로 수용될 수 있어 효율적인 규제로 이어질 수 있다.

협동관리는 어획량은 지속가능한 수준으로 개발되는 반면에 단속비용이 줄어드는 이점이 있다. 협동관리 체제를 옹호하는 사람들은 두 가지 이점을 강조하고 있다.[39] 첫째, 어업 종사자들이 제안한 법규는 지역의 어로규범 및 어로관행과 쉽사리 충돌하지 않으며 둘째, 보다 중요한 것은 협동관리 체제에서 입안된 규제방식은 과학적 지식과 어부들의 민속적 지식이 융합되어 있다는 것이다.

한·중 어업협정 체결은 협정수역에서 양국 간 어민들이 조업할 수 있는 법적 틀을 마련하고, 공동위원회를 설치하여 일부수역에서는 공동으로 자원을 관리하게 하였다.[40] 유엔해양법협약 발효로 한·중 사이에도 새로운 국제해양법 질서에 입각한 어로질서가 확립되었다. 한·중 어업협정 체결은 국내어업에 긍정적인 영향과 함께 부정적인 영향을 초

37 이용수, 앞의 논문(2006); 류정곤 외, 앞의 연구(2004).

38 Hønneland, "Co-management and Communities in the Barents Sea Fisheries", *Human Organization* 58, 1999; Wilson et al.(eds.), *The Fisheries Co-management Experience*, Dordrecht : Kluwer Academic Publishers, 2003.

39 Acheson, "With Blinders and Hobbles", in E. Paul Durrenberger and Thomas D. King (eds.), *State and Community in Fisheries Management*, Westport : Bergin & Garvey, 2000, p.151.

40 원문철, 「한·중 어업협정에 관한 연구」(영남대학교 석사학위논문, 2003).

래하였다. 중국이 한국 측 연근해 조업에 제한을 받게 된 반면, 한국 역시 황금어장으로 불리는 양쯔강 수역에서 조업을 하지 못하게 되어 조업구역이 크게 줄어들었다. 특히 양쯔강 수역에서 조업하던 꽃게 통발어선이 가장 큰 피해를 보게 되었다.

어로자원을 보호하기 위한 목적으로 정부가 기존의 통제를 강화하거나 새로운 규제를 도입하려는 시도와 어업인들의 관행적 이해방식 및 습관화된 행동전략 사이에는 항상 갈등이 존재하기 마련이다. 또한 어업인들이 정부의 통제와 규제를 어떻게 해석하는가도 중요한 변수로 작용한다. 배타적 경제수역 체제의 도입과 한・일, 한・중 어업협정 이후 새로운 어업정책이 도입되면서 어업인들의 통상적인 의사결정에도 점차 외부의 개입이 증가하고 있다.

한・중 어업협정 이후 한국어선들이 중국 측 배타적 경제수역(EEZ)에서 조업하기 위해서는 먼저 조업허가를 받은 어선의 명부를 중국 정부에 통보해야 하며, 조업이 인정된 어선들은 중국의 조업조건과 입어절차규칙에 따라 조업해야 한다. 그리고 할당된 어획량만을 조업해야 한다.[41] 2007년 기준으로 한국 측 어선이 중국 EEZ에서 입어할 수 있는 규모는 통발류의 경우, 105척에 할당량이 6,289톤으로 제한되어 있다. 한편, 기존의 어선크기(선복량 혹은 톤수)와 망목의 크기를 제한하던 투입요소 제한 정책에서 2008년부터는 통발어구의 사용량까지도 제한하여 단속하고 있다. 장어통발의 경우 40톤 이상 어선 기준으로 통발 개수는 7,000개, 통발의 설치간격은 10미터 이내로 제한하고 있다. 반면, 기타 통발의 경우에는 40톤 이상의 어선 기준으로 통발 개수는 5,000개, 통발 설치간격은 10미터 이내로 제한하고 있다. 다만 동해안의 경우에는 통발 개수를 5,500개, 설치간격을 40미터 이내로 규정하고 있다. 그러나

41 해양수산부, 『중화인민공화국 배타적 경제수역에서 대한민국 어선의 조업조건 및 입어절차』(2007).

이런 규정이 제대로 지켜지기 위해서는 정부의 단속만으로 불가능하다. 정부와 어업인 단체, 그리고 개별 어업자(선주와 선장 등)의 협조 혹은 참여가 있을 때 효율적인 관리가 가능할 것이다.

> 근해통발수협에는 기타통발과 장어통발이 소속되어 있다. 2007년 7월 1일 어구수를 제한하게 되었다. 준수하는 경우보다 준수하지 않는 배가 더 많다. 바다에서 경쟁하다보니 어쩔 수 없는 상황이다. 그래서 조합 소속 선주들 40명이 모여 어구 수 제한 규정을 준수하자고 결의했다. 장어통발은 척당 7,000개로 제한한 법규를 준수하고, 어길 경우 이웃해서 조업하는 선장들이 서로 감시하고 고발하기로 (선주모임에서) 약속했다. 현실적으로 장어통발 어선들은 어구를 1만개 이상 싣고 있다. 어구 수를 7,000개로 줄이고 인원을 적정한 선에서 감척하면 경비도 절감될 수 있을 것이다. 어구 7,000개를 양망하는 데 투입되는 인력은 평균 10명에서 11명이며 하루에 한번 내지 두 번 투망하고 양망한다. 2008년 3월 1일자로 선원을 최대 8명으로 제한하자고 결의했다. 승선인원을 규제하면 작업횟수와 작업량을 늘릴 수가 없다.
>
> (서○렬, 남, 58세, 선주)

단위 노력당 수입이 줄어들면서 통발어선들은 불황의 늪에서 빠져나오지 못하고 있다. 상품으로서의 어획물 가격은 하락하거나 상대적으로 침체되어 있는 반면, 유류가격과 인건비는 상승하고 있다. 이런 상황에 직면한 어업인들의 대응전략은 정부에서 규제한 어구 수를 '서로' 준수하면서 함께 경비를 절감하자는 것이다. 하지만 어업의 불황에 대한 어업인들의 진단은 정부의 그것과는 약간 차이가 있다. 정부의 입장은 한·일, 한·중 어업협정으로 어장규모가 줄어들었음에도 자원이용은 여전히 남획 수준이라는 것이다. 따라서 자원이용에 투입되는 어선을 감척하고 어구 수를 줄여 남획을 방지하는 정책을 펴고 있다. 반면, 어업인들은 불황의 원인을 어획물의 수요부족과 공급과잉에서 찾고 있다. 공급과잉을 방지하기 위해서는 정부에서 규제하고 있는 어구 수 제한규제를 준수하는 것은 물론, 노동량과 강도를 함께 줄여야한다는 것이다. 그래서 어구 수를 정부의 제한량 이상으로 싣고 다니는 어선은 서로가 감시하고 고발하자고 합의하였다. 이런 합의는 '공유어장'에서 한 척이라도 어구를 더 많이 투입하게 되면 집단전체가 경쟁적으로 더 많은 어구를 투입하게 될 것이라는 경험에서 비롯된다.

정부가 어구 수를 법령으로 제한하더라도 어업인 및 어업인 단체의 협조 없이는 준수되기도 어려울 뿐 아니라 단속비용이 많이 들고 단속효과도 기대할 수 없다. 어업인들이 어구 수 제한규제를 지키더라고 노동강도를 줄이지 않거나 오히려 증가시킬 경우에는 어구수를 제한함으로써 기대할 수 있는 과잉어획 방지효과가 사라진다. 정부차원의 규제가 미흡한 승선인원 제한을 어업현장에 도입하면 일정수준의 어획량을 확보하면서 동시에 자원보존이 이루어질 수 있다는 사실을 어업인들은 잘 알고 있다. 승선인원을 제한하면 작업횟수를 늘릴 수가 없다. 상대적으로 줄어든 인원의 작업강도를 줄이기 위해서 여러 작업공정을 기계화하는 방안이 마련되고 있다.

어업인들은 대개의 경우 자신들의 개인적 이해관계보다 공동의 이해관계를 우선적으로 고려하거나 중요한 문제로 간주한다. 그래서 정부의 어업규제에 대한 어업인들의 반응은 공평함을 전제로 해야 한다는 것이다. 어업인들의 입장에서는 공평함을 벗어난 어떤 규제도 성공할 수 없다는 것이다. 부당하다고 판단되면 누구도 규제를 따르지 않는 것이 인지상정이다. 하지만 무엇이 '공평'한 것인가에 대해서는 일치된 견해가 없다. 모든 사람을 평등하게 대하는 것이 곧 공평한 것은 아니다. '공평성'은 어업인들이 처한 사회 · 문화적 측면을 고려해야 하며, 그들의 입장에서 어떻게 하는 것이 공평한지 합의될 경우 그 규제는 성공할 여지가 많다.

어업관리는 어획의 대상이 되는 자원에 대한 관리가 아니라 그 자원을 이용하고 있는 어업인에 대한 관리를 말한다. 정부의 연근해어업 구

〈사진 3-2〉 한산한 선박공작소 거리(통영)

조조정사업 역시 '근해어선 세력을 어업자원에 적합한 수준으로 줄여 지속가능한 수산물 생산을 도모함으로써, 어업의 경쟁력을 강화하여 어업인의 소득 증대에 기여'하는 것을 목적으로 하고 있다.[42] 이런 목적을 달성하기 위한 어업관리는 해양의 자원을 이용하고 있는 어업인들의 정상적 이익이 보장되는 수준에서 시행되어야 한다. 하지만 '어업자원에 적합한 수준으로 어선을 줄이는' 것만으로 어업인의 소득이 증대되는 것은 아니다. 어업공동체 입장에서 어선감척은 어선어업자를 비롯하여 어획물 가공 및 어구제조, 선박수리 등에 종사하는 사람들의 일자리를 빼앗음으로써 오히려 전체소득이 감소된다. 또한 어선의 수가 감소됨에 따라 선원들은 고용 불안정이 가속화되고 노동조건이 악화된다.[43]

2) 어업인들과 어업관리

어업인에게 '어업인의 소득증대' 못지않게 중요한 것은 예측 가능한 소득과 고정적인 소득이다. 하지만 전통적인 상업적 어업경영 체제인 '보합제步合制' 즉, '짓가름제'는 고정급여 수준이 설정되지 않아 수입에 따른 지출을 예상하기가 어렵다. 짓가름 방식은 어획고에서 출어경비를 포함한 총 경비를 제외한 이익금을 선주와 선원이 일정비율로 분배하는 제도이다. 총 어획량이 제한되지 않았던 과거 짓가름제는 조업비용이 증가하더라도 총 어획량이 많아지면 상대적으로 어업인 개인들에게 분

42 해양수산부(2007).
43 박경용, 「한·일 어업협정의 영향과 어민들의 대응전략」, 『역사민속학』 18(한국역사민속학회, 2004), 268쪽.

배되는 수익이 높아지는 분배체계였다. 호황을 누릴 경우, '에이(A)급' 선장은 배당금으로 1억 정도를, 중급은 5~6천만 원을 받았다. 짓가름 방식에서는 선급금이 관행이다.

짓가름제는 선주와 선장을 포함한 선원 모두가 일종의 동업자 관계를 형성하는 경영방식을 전제로 한다. 선주는 선박과 어구 및 기타 조업에 필요한 경비를 지출하고, 선장을 포함한 선원들은 자신들의 기술과 노동력을 제공한다. 짓가름제 혹은 '갈라먹기 방식'의 어업경영 체제에서 선주가 경영주로서 할 수 있는 역할이 제한된다. 선장의 능력과 책임에 많은 부분을 의존하게 되어 경영혁신과 원가절감이 쉽지 않다. 월급제로의 전환은 경영주의 입장에서 보면 단순히 임금체계를 바꾸는 정도에서 그치는 것이 아니라 어업경영을 합리화할 수 있는 발판이 된다. 반면, 선원 특히 선장의 입장에서 월급제는 공동경영 공동분배의 책임을 담당하던 위치에서 단순한 노동자로 전락하게 된다. 이런 단점을 보완하기 위하여 선원과 달리 선장에게는 짓가름제 방식으로 대우를 해주는 체제를 병행하기도 한다.

총 어획량이 제한되고 어선수와 어구 수를 줄여야 되는 어업협정 체제에서 어업인들은 승선인원과 조업경비를 줄여야만 '소득을 증대'할 수 있다. 이에 더하여 짓가름제 방식에서 월급제로 전환하여 예측 가능하고 고정적인 임금체제를 도입해야 할 필요성이 대두되고 있다.

> 통발업계가 경제적으로 몰락하는 것을 방지하기 위해서는 선원 월급제를 도입하여 생활을 안정적이고 계획적인 가계운영이 될 수 있게 해야 한다. 짓가름제는 호황기와 불황기의 수입 차이가 너무 커서 계획적인 지출과 소비가 불가능하다. 그래서 선원들의 이탈과 이동이 많다. 솜씨 있는 선원이 장기적으로 승선할 수 있는 여건을 마련하고 안정적인 선원수급을 위해서는 월급제 전환이 필요하다. (김○수, 남, 47세, 선주)

꽃게 통발업의 짓가름제 방식은 선원 11명을 기준으로 한다. 선장과 기관장이 각각 2짓을 분배받는다. 따라서 대개 선원배분은 총 13짓을 기준으로 분배된다. 일반선원의 경우 총인건비의 1/13 정도가 한 사람 몫(외짓가리)이 된다. 선장의 경우, 능력에 따라 계약을 달리하여 선주의 몫에서 1짓 정도를 더 받기도 한다. 선장의 능력이나 명예는 보통 '몇 짓가리'를 받는 선장인가로 판단된다. 기관장 그리고 갑판장과 화장의 경우에도 선주의 몫에서 일정액을 더 받기도 한다. 짓가름제를 하는 어선들은 노동 강도가 높다. 총 어획고를 높이기 위해 조업회수와 조업량을 늘리느라 보통 2~3개월에 한 번꼴로 항구에 들어온다. 육지에 들어오면 선급금을 받은 선원들이 이탈하는 경우가 빈번히 발생한다. 선원 이탈은 선급금 미수로 경영주인 선주에게 경제적으로 타격을 주는 것은 물론, 성어기 동안 선원을 다시 확보해야 하는 애로점과 함께 새로 승선한 선원이 기존선원들과 손을 맞추는 데도 시간이 걸려 조업이 순조롭게 이루어지지 못하는 경우가 발생한다.

월급제에서는 승선인원을 줄여 인건비를 절감하고, 조업회수와 작업량을 감소하여 조업경비를 줄임으로써 총수익을 증대한다. 월급제 방식의 경영전략은 총 어획량이 아니라 총수익의 크기에 초점을 맞춘다. 월급제 방식에는 분배방식과 분배 몫의 조절 없이도 외국인 선원을 고용할 수 있다. 월급제 방식의 임금체계를 도입하면서 어업관리 체계 역시 총생산보다는 총비용을 줄이는 조업방식으로 전환되고 있다. 월급제에서는 작업강도가 낮을 뿐 아니라 고정적인 임금이 보장되기 때문에 선원들의 생활과 가정이 안정되어 선원들의 이탈과 이직이 감소된다는 이점도 있다.

꽃게 통발어업의 경우, 봄 어기와 가을 어기의 수입이 확연히 다르다. 꽃게는 주로 가을에 포획되는데 9월부터 이듬해 1월 말까지가 성어기이다. 2007년 기준으로 성어기 동안 한 척당 최저 5억에서 최고 10억 가까운 어획고를 올렸다. 출어경비를 포함하여 조업에 투입된 총경비가 평균 3억 5천만 원에서 4억 원 정도로 계산된다. 경비를 제외한 총수익은 5억 정도이며 이 중 인건비(선원 몫)가 2억 5천이고 나머지가 영업이익(선주 몫)에 해당된다. 하지만 2월 초부터 7월까지는 꽃게 조업으로 이익을 창출하기가 어려운 시기이다. 2006년 기준으로 봄 어기 동안 총 40척 중 3척 정도만이 최고 수익을 6억 정도 올렸다. 그 나머지는 4~5억 정도였다. 7개월 동안 평균 경비는 3억 5천만 원이 소요되었다. 순수익은 전체적으로 평균 1억 원 가량으로 저조하였다. 봄 어기에는 작업을 하면 할수록 대개 적자가 발생한다. 선원의 입장에서 봄 어기에는 월급제가 안정적이지만, 가을 어기를 고려한다면 짓가름제가 수익이 높은 셈이다. 하지만 1년을 기준으로 한다면 총 어획량과 어선 및 어구가 제한되는 현재의 어업체제에서는 짓가름제에서 예상되는 수입이 월급제의 안정적인 수입을 능가하기 어려운 실정이다.

월급제 도입과 함께 어업경영주의 입장에서 경영악화 및 선원수급에서 가장 큰 문제점으로 지적되었던 선급금 제도가 폐지되었다. 선주협의회에서는 2004년 1월 16일자로 선원들에게 일시불로 선 지급하던 선급금 제도를 폐지하였다. 또한 2005년부터 외국인 선원을 받아들이면서 선원수급을 안정적으로 조정할 수 있게 되었을 뿐 아니라, 국내선원에 비해 상대적으로 임금수준이 낮은 외국인 선원을 고용함으로써 경비를 절감할 수 있게 되었다.

이와 같은 협동관리 방식 및 자체적인 경영 합리화 노력과 더불어, 기타통발 어선들은 봄 어기 동안 혹은 가을 어기에도 주 포획대상인 꽃게뿐 아니라 골뱅이나 문어 잡이 등으로 어업의 다각화를 꾀하고 있다. 또한 선주협의회에서는 꽃게의 체장을 규격화하여 상인들이 크기와 가격을 결정하던 기존의 관행을 벗어나 생산자의 입장에서 크기와 표준을 설정하여 시장에서 상인들의 독단을 방지하고 있다. 그리고 어업협정으로 축소된 어장을 해외에서 개척하려는 노력의 일환으로 2006년에는 해양수산부 · 국립수산과학원 · 경남통영시 등과 공동으로 근해통발수협에서는 마샬군도에서 통발어장을 개척하려고 시험조업을 실시하였다.[44] 꽃게 자원을 보존하고 어업환경을 조성하기 위해 2003년 12월부터 2004년 11월까지 꽃게 치어(치게) 방류사업을 하였다. 방류사업 시행 동안 꽃게 치어 1,300만 마리를 방류하였다.

6. 자원관리에서 어업인관리로

1970년대 이후 국제적인 어업환경이 급격하게 변화되고 있다. 지구환경이 국제적인 관심사로 대두하면서, 어업부분 역시 효과적인 자원관리 없이는 적정수준의 어획량이 유지될 수 없을 뿐 아니라 지속적인 자원개발이 불가능하다는 인식이 팽배하게 되었다. 해양생태계와 어업환경에 관한 이런 국제적인 위기의식은 유엔의 해양법협약회의로 나타났다. 유엔은 어업이 해양의 생태환경에 미치는 영향과 그 대응책을 마련하기 위해 1973년부터 3차에 걸쳐 해양법협약회의를 개최하였으며, 1982년 유엔해양법협약을 채택하였다. 1994년 말부터 국제적으로 공식 발효되기 시작한 유엔해양법은 연안국의 어업정책에 많은 영향을 끼쳤다. 한국과 일본은 1996년에, 중국은 1998년에 해양관할 체계를 배타적 경제수역 체제로 전환하였다. 그리고 1999년에 신 한·일 어업협정이, 2001년에는 한·중 어업협정이 발효되었다.

이처럼 국내외적으로 어업환경이 급변하고 있지만, 영세 자본으로 운영하는 연근해 어업은 정치권력에서도 미미한 존재일 뿐 아니라 수산경제에서도 영향력을 거의 행사하지 못하는 위치에 있다. 그리고 외부 환경으로 인한 어장손실 및 어장규제에 대해서도 연근해 어업인들은 자신들의 이해를 주장하고 대변할 수 있는 수단과 힘이 미약하다. 어떤 경

44 해양수산부·국립수산과학원, 『마샬수역 통발어장 시험조사』(2006).

제적 영역보다 어업의 근대화는 자본축적은 물론 고도성장을 주도한 중심이었다. 그 결과 이전에는 볼 수 없었던 자원고갈의 문제를 불러왔다. 어업분야에서 급격한 생산량 증가는 심각한 해양자원 고갈은 물론, 환경오염 위기를 초래하였다. 다른 한편으로 근대화는 어부들의 작업 시간 증가, 고용의 기회 감소, 심각한 경제적 부침, 중요 생물자원의 고갈, 전통적인 생계양식 붕괴, 이전까지 안정적이고 중심적이던 생활양식의 주변화, 그리고 조화롭게 이루어졌던 사회생활의 파괴를 불러왔다.

정부의 어업규제 정책은 '자원이용에 대한 통제가 없는 경우엔 필연적으로 자원보존은 물론 자원재생에 위협이 가해진다'는 '공유재산의 비극' 이론에 그 바탕을 두고 있다. 어업관리 정책은 총 어획량규제 및 개인할당제의 도입 등으로 부분적으로는 시장관리 체제를 운용하고 있지만, 전체적으로는 어선감척이라는 정부주도의 위계적 관리체제를 중심으로 이루어지고 있다. 이런 상명하달식 혹은 중앙집권식 어업관리 체제는 어업종사자들의 협조 없이는 제대로 수행될 수 없다. 어업관리는 자원에 대한 관리가 아니라 자원을 이용하는 사람들을 관리하는 것이다. 해양자원을 이용하는 사람들이 가난에서 벗어나지 못하는 상태에서는 자원을 남획하거나 파괴시키는 어법이 고수될 수밖에 없다. 결국 바다를 이용할 수 있는 인간의 권리와 해양 자원의 보호가 균형을 이루는 지점에서 해결책이 마련되어야 한다.

제4부

어로성공과 일류선장

1. 어로성공에서 선장이 중요한가?

어부들은 과거에도 그랬지만 오늘날에도 위험하고 불확실한 바다에서 조업하면서 맞닥트리는 개인적인 안녕 및 경제적 이해관계와 같은 오래된 문제에서 벗어나지 못하고 있다.[1] 뿐만 아니라 대형화되고 현대화된 기계를 장착한 선박이 도입되면서 어부들은 바다에서 장기간 조업해야만 하는 상황에 내몰리게 되었고 이로 인해 가족과 공동체로부터 격리되고 소외될 수밖에 없는 처지에 있다.[2]

또한 국제적인 어업환경의 변화로 어장의 규모가 축소되고 많은 어선들이 한 장소로 몰려들면서 같은 업종은 물론 다른 업종의 어선들 사이에도 치열한 경쟁이 발생하고 있다. 어장규제와 어업관리 체계가 보다 복잡해지고 또 자주 바뀌면서 어부들은 이런 외부적인 상황변화에 적응하는 데 많은 어려움을 겪고 있다.[3] 이와 같은 문제점에도 불구하고 생

1 Acheson, *The Lobster Gangs of Maine*, Hanover : University Press of New England, 1988, p.133.
2 McGoodwin, *Crisis in the World's Fisheries*, Stanford : Stanford University Press, 1990, p.13.
3 박정석, 「어장공유와 어업규제」, 『민족문화논총』 39(영남대학교 민족문화연구소, 2008).

존을 위해 보다 많은 어획량을 생산하려는 어부들은 사회적 혹은 행정적 위험마저도 감수해야만 하는 상황에 처해 있다.

어부들은 사냥꾼과 유사하게 자신들이 포획하고자 하는 어종을 통제할 수가 없을 뿐 아니라 심지어는 그들의 포획 대상물에 대한 소유권 혹은 접근성을 보장받기가 매우 어렵다. 왜냐하면 대부분의 해양생물들은 공유자원이기 때문이다. 험한 바다에서 특별한 위험과 불확실성을 안고 작업을 할 수밖에 없는 어부들은 다양한 미신, 주술, 종교적인 관행, 금기, 의례 및 초자연적인 대상에 대한 믿음체계를 발전시켜 왔다. 그 중에서도 널리 유포되어 있지만 학술적으로 거의 다루어지지 않은 믿음체계 중의 하나가 바로 '선장효과(skipper effect)'이다. '선장효과'는 어선의 규모와 어로장비에 상관없이 어업생산성을 높이는 데 기여하는 특정한 선장의 기술적 공헌을 일컫는다.

어업에서 '선장효과'는 "선박의 크기, 어로 노력과 기술 혹은 다른 외부적 요인들을 제외하고 선장이 어획에 미치는 효과"[4]로 정의된다. 즉, '선장효과'는 선장의 개인적 자질 혹은 특수한 기술이 어로성공의 중요한 결정요인이라는 믿음을 의미한다.[5] 많은 학자들은 왜 특정한 선장이 지휘하는 어선이 같은 선단의 다른 어선들에 비해 많은 어획고를 올리는지를 설명하는데 애로를 겪어왔다. 또한 어획고의 차이가 선장의 능력 혹은 기술에서 기인하는 것인지 아니면 어선의 규모와 시설 및 어로노력의 차이에서 비롯되는지를 두고 논란이 일기도 하였다.[6]

'선장효과'에 대한 이런 상반된 입장은 어로정책에서 주요한 변수가

4 Durrenberger, "The Skipper Effect and Folk Models of the Skipper Effect among Mississippi Shrimpers", *Human Organization* 52(2), 1993, p.194.

5 Russel and Alexander, "The Skipper Effect Debate", *Journal of Anthropological Research* 52, 1996, p.433.

6 Gatewood, "Is the "Skipper Effect" Really a False Ideology?", *American Ethnologist* 11, 1984b; McNabb, "A Final Comment on Measurement of the 'Skipper Effect'", *American Ethnologist* 12, 1985; White, "Belief in Differential Skill among U.S. Gulf of Mexico Shrimp Fishermen", *American Anthropologist* 94, 1992.

될 수 있다는 점에서 다각적인 논의가 필요하다. 어획량이 어로작업에 동원되는 선박의 장비나 톤수에 따라 결정되는 것이 아니라 선장들의 전문지식이나 기술에 따라 좌우된다면, 정부가 감척정책을 통하여 어로에 투입되는 요소를 줄이려는 노력과 그 효과는 경감되거나 사라질 것이다. 거꾸로 어획에 미치는 선장들의 공헌도가 상대적으로 미미하다면 어선들의 과거 어획량에 따라 선박에 할당량을 부여함으로써 남획에 대한 잠재적 위험을 통제하는 것이 바람직한 관리 수단이 될 수 있을 것이다.[7] 즉, 어업과 관련된 다양한 통제방안들의 효용성과 정당성에 대한 판단은 '선장효과'의 작동 가능성과 밀접한 관련이 있다.[8]

여기에서는 꽃게 통발어선 선장들과의 면담조사를 통하여 한정된 자원을 두고 서로 경쟁하고 있는 선장들이 다른 선장들에 비해 특출한 조업성적을 올리는 선장의 역할 혹은 '선장효과'에 대해 어떻게 설명하고 있는지를 분석하고자 한다. '선장효과'에 대한 선장들의 담론(discourse)을 분석함으로써 어업종사들의 입장에서 특정한 선장의 어로성공을 어떻게 설명하고 있는지를 파악할 수 있을 것이다.

담론에 대한 정의는 다양하지만 대개 사람들이 드러내고자 하는 지식, 권위, 사회적 관계와 관련된 어떤 것을 생산하는 체계, 그 어떤 것이 생산되거나 반영되는 과정, 생산되거나 반영된 그 어떤 것을 생산하거나 반영하는 실천, 혹은 세상을 바라보는 틀이라고 한다. 이처럼 담론은 구체적인 관념이나 개념 혹은 진술을 생산하거나 반영하는 사고방식으로 인식된다.[9] 따라서 담론분석은 사람들이 하는 말에 주안점을 두고 구체적인 사안이 어떻게 이야기되고 또 쓰이고 있는지를 추적하는 작업이

7 Durrenberger, ibid. p.194; Ruttan and Tyedmers, "Skippers, Spotters and Seiners", *Fisheries Research* 83, 2007, p.73.

8 Pálsson and Durrenberger, "Systems of Production and Social Discourse", *American Anthropologist* 92, 1990, p.130.

9 Høneland, "Fish Discourse", *Human Organization* 63(1), 2004, p.69.

라 할 수 있다.

한편, 통계적 검증 없는 담론분석만으로는 '선장효과'에 대한 신뢰성을 확보하지 못한다는 한계가 제기될 수 있다. 그러나 통계적 분석에서도 선장의 어로기술이 관찰되기 곤란하고 계량화되기 어려운 전체 어로작업을 포괄하기 때문에 개인의 어로기술을 대체할 수 있는 구체적인 변수 설정에 많은 애로가 있다. 이런 애로점은 선박의 크기와 어로횟수 혹은 장비의 차이에서 비롯된 변수들을 소거하고, 계량적 분석에서 설명되지 않는 나머지 변수들을 과연 '선장효과'로 해석될 수 있는가 하는 문제와 결부되어 있다.[10]

그럼에도 담론만을 분석의 대상으로 삼는 것은 현재의 상황에서는 '선장효과'를 검증할 수 있는 통계자료가 거의 없어 계량적 분석이 사실상 불가능하기 때문이다. 인터뷰를 통하여 개별 선장 혹은 개별 어선의 어획량을 대략적으로 추정할 수도 있겠지만 이런 방안 역시 임의상장제를 채택하고 있는 현 유통체계에서는 정확한 어획량을 산정하기에는 한계가 있다.

여기에서 분석의 대상으로 삼고 있는 자료는 대부분 2007년 겨울과 2008년 여름에 인터뷰를 통하여 수집되었다. 2007년 겨울에는 주로 통영시와 부산시에 거주하는 전직 선장들과 선주들을 면담하였다. 현직 선장들은 2008년 어로기간이 끝나고 통영항에 입항한 7월말부터 8월말 다시 출항하기 전까지 개별적으로 만나거나 동시에 여러 명을 만나 1~3차례씩 인터뷰하였다. 이 기간 동안 일반선원과 기관장, 선박의 사무장들을 인터뷰하여 자료를 보강하고 통영시 소재 조선소와 철공소, 선구점 등을 방문 조사하여 꽃게 통발어업과 관련된 기초자료를 수집하였다.

10 Ruttan and Tyedmers, ibid, p.74; Russel and Alexander, ibid, p.434.

2. 어업과 '선장효과'

해양 인류학에서 '선장효과'에 대한 기존의 논의는 크게 두 가지 입장으로 귀결될 수 있다. 하나는 여러 선박들 중에서 어획량의 차이를 설명함에 있어 선장이 유의미한 역할을 하는지 여부이며, 다른 하나는 선장이 어로에서 어획량을 결정하는 데 중요한 역할을 한다는 민속모델이 통계적으로 검증가능한가 여부이다.

해양 인류학자들은 한 작업 선단 안에서 상이한 어로 전략들 혹은 선장의 전문기술이 부분적으로 어로작업의 성공을 설명하는 변수라고 주장하지만, 통계학자들은 이런 전략을 검증할 만한 자료를 확인하기가 어렵다며 비판한다. 한쪽에서는 선장의 전문기술이 여러 선박들 사이의 어획량의 차이를 설명하는 중요한 요인이라고 설명하고[11] 다른 쪽에서는 어획량에서의 차이는 대부분 어로 노력에서의 차이 및 선박의 크기와 같은 계량적이고 인간 외적인 요인들에서 비롯된다고 말한다.[12]

전자의 입장에서는 다양한 '민속모델(folk model)'을 분석하여 어떤 선장이 다른 동료선장들에 비해 왜 성공적인지를 설명하고, 나아가 '선장효과'가 어업경영에서 중요한 변수라고 주장한다.[13] 대부분의 민속모델은 특정한 선장의 독특한 어로기술이나 어로방식 또는 그 선장만의 독창성, 운運, 예지력 혹은 예측능력과 같은 일종의 주술적 혹은 심리적

11 Norr and Norr, "Work Organization in Modern Fishing", *Human Organization* 37(2), 1978; Byron, "Skippers and Strategies", *Human Organization* 39(3), 1980; Gatewood, "Is the "Skipper Effect" Really a False Ideology?", *American Ethnologist* 11, 1984b; Jepson et al, "The "Skipper Effect" among Gulf Coast Shrimp Fishermen", *Sociology and Social Research* 72(1), 1987; Acheson, 1988; Thorlindson, "The Skipper Effect in the Icelandic Herring Fishery", *Human Organization* 47(3), 1988; Bjarnason and Thorlindson, "In Defence of a Folk Model", *American Anthropologist* 95(2), 1993.

12 Pálsson and Durrenberger, "To Dream of Fish", *Jr. of Anthropological Research* 38, 1982; Pálsson and Durrenberger, ibid, 1990; Durrenberger and Pálsson, "Riddles of Herring and Rhetorics of Success", *Jr. of American Research* 39, 1983; "Finding Fish : The Tactics of Icelandic Skippers", *American Ethnologist* 13, 1986; Durrenberger, ibid.

13 Bjarnason and Thorlindsson, ibid.

특질의 차이를 강조한다. 다른 모든 조건이 거의 동일한 상태에서 동료 선장들에 비해 특정한 선장의 어로기술 혹은 능력에서 차이가 있다는 것은 현대 어업경영에서 중요한 요인이다. 특정한 어업분야에서는 전문기술의 차이가 다른 어떤 차이보다 더 중요한 요인으로 작동될 수 있기 때문이다. 동일한 기계와 시설을 갖춘 어선들이 같은 조업구역에서 작업을 하는 경우 이런 차이는 매우 상이한 어로성과로 나타날 개연성이 있다는 것이다.

후자의 입장에서는 '선장효과'를 구체적인 증거를 제시하지 않은 채 지역민들이 만들어 낸 '이야기'에 불과하다고 일축한다.[14] 어선의 규모와 어로장비의 차이라는 변수를 고려하더라도, 특정한 선장이 운용하는 어선이 동일한 시기에 같은 어장에서 조업한 다른 어선에 비해 월등히 많은 어획고를 올린다는 믿음은 통계적으로 증명되지 않는 미신 혹은 허구라는 주장이다. 이런 입장에서는 특정한 선장의 탁월한 성공에 대한 묘사가 평균치 이상으로 어획고를 올렸다는 확실한 증거자료에서 도출된 것이 아니라 대개 선장의 위세관리 혹은 이미지 형성 전략에서 비롯된 것들이라고 비판한다.[15] 이들은 동일한 어구와 어선을 사용하는 선장들 중에서 특정한 선장만이 지속적으로 월등히 많은 어획고를 올렸다는 이야기를 확증할 수 있는 장기적이면서도 구체적인 자료가 제시되지 않았다는 점을 강조한다.

전자의 입장이든 후자의 입장이든 '선장효과'라는 명제를 증명하기 위해서는 통계적 자료가 뒷받침되어야 한다. 하지만 '선장효과'를 통계적 자료를 가지고 분석한 연구는 아주 드물다. '선장효과'에 대한 계량적 검증이 부족했었던 이유는 몇 가지로 추론될 수 있다.[16]

14 Durrenberger and Pálsson, ibid, p.333.

15 Pálsson and Durrenberger, ibid, p.238.

16 Jepson et al. ibid, p.21; Russel and Alexander, "Measuring Seining Strategies and Fishing Success in the Philippines", *Human Organization* 57(2), 1998, p.145.

첫째, 일반적으로 선장이 어디에 어군이 있고, 언제 포획해야 하며, 어떤 방식으로 해야 하는지를 결정하는 데 고려되어야 할 변수들은 여러 가지가 있다. 하지만 실제로 선장이 그런 결정을 하는 과정은 이런 다층적 변수들을 합리적으로 취사선택하여 결정하는 것이 아니라, 그때그때의 상황에 따라 임의적으로 판단하고 사후에 '그럴듯한' 결정으로 설명되기 때문이다. 둘째, 통계학적 분석에 동원되는 자료라는 것이 대개 기간과 범위가 한정되어 있으며 그나마 대부분은 자료의 생산과정이 불투명하여 신뢰성이 떨어지거나 파편적인 경우가 많다. 그래서 오늘날까지 '선장효과'에 대한 거의 모든 통계적 분석은 아이슬란드를 비롯한 북대서양과 북미지역 어업에 한정되어 있으며 그것도 일부 어업에만 국한되어 있다.[17] 셋째, 상이한 종류의 어로방식과 결부된 서로 다른 어로기술과 전략을 교차 비교할 수가 없다는 점이다. 같은 선단일지라도 한 어장에서 여러 어종을 포획할 경우는 물론 계절에 따라 생산 가능한 어종이 달라지는 상황에서는 어구를 바꾸어가며 연중 서로 다른 전략과 기술을 사용한다. 이럴 경우 동일 선단의 어획고에서 선장이 차지하는 역할을 서로 비교한다는 것은 매우 어렵다.

한마디로 어로 활동에서 선장의 중심성은 어로성공 혹은 어획량이 선장의 역할에 크게 의존한다는 가정에 기반하고 있다. 동일하거나 유사한 장비를 사용하여 작업을 하더라도 같은 어기 동안에 어떤 선장은 다른 선장들에 비하여 어획량이 많다. 어획량의 차이는 말할 것도 없이 수많은 요인들에서 비롯된다. 일부 학자들은 어선의 크기와 어로에 투입된 시간, 즉 어로 횟수 및 조업일수와 같은 인간 외적인 요인들이 중요한 변수로 작용한다고 주장하였다.[18] 하지만 일반인들은 물론 선장들 역시 어로성공의 차이를 선장의 어로기술 혹은 전문기술에서 비롯되는

17 Russel and Alexander, ibid, p.433.
18 Pálsson and Durrenberger, ibid.

것으로 설명한다. 이런 민속적 믿음이 실제 성공과 항상 일치하는 것은 아니다. 그래서 일부 학자들은 통계적 검증 없는 일반인들 믿음, 즉 민속믿음을 실제가 아닌 '가짜 이데올로기(false ideology)'로 명명하기도 한다.[19]

최근에는 '선장효과'에 대해 부정적인 입장을 견지하던 학자들도 그 방향을 선회하여 '선장효과'에 대해 긍정적인 분석을 하고 있다. '선장효과'를 분석한 사례연구가 증가하면서, '선장효과'를 실체가 없는 이야기 혹은 허구라고 주장하던 종래의 입장에서 한발 물러서서 어업분야에 따라서 '선장효과'는 물론 선장효과에 관한 모델이나 이데올로기가 함께 혹은 별개로 존재할 수도 있다고 수정하고 있다.[20]

한편, 통계적으로 확실하게 검증될 수 없음에도 불구하고 일반인들 사이에서 '선장효과'가 있다고 믿는 데는 나름대로 '타당한' 이유가 있다. 그것은 선장만이 어디에 어군이 형성되어 있는지를 파악하고, 언제 포획해야하고, 어떤 방식으로 포획할 것인가를 결정하기 때문이다.[21] 이런 과정은 누구나 알고 있지만 실제 판단할 때는 다양한 변수를 '합리적'으로 계산한 결과를 바탕으로 결정하는 것이 아니라, 선장이 여러 변수를 고려하여 '그럴듯하게' 혹은 '감'으로 판단하기 때문이다.

또 다른 이유는 '선장효과'를 증명할 만한 통계적 자료가 제한되어 있기 때문이다. 대부분의 어업분야에서 특정 선장과 어선이 어디서, 얼마 동안, 어떤 방식을 이용하여 어로작업을 했는지를 주기적으로 기록한 자료가 거의 없다는 점은 '선장효과'를 검증하기 곤란하게 만든다. 그래서 동일한 어장에서 작업을 하는 경우에도 어획고에서 차이가 나는 이유를 선장들이 상대적으로 다른 기술과 전략을 구사하는 데서 찾거나

19 Durrenberger and Pálsson, ibid.
20 Durrenberger, ibid, p.194.
21 Durrenberger and Pálsson, ibid, p.214.

선장의 '운' 혹은 '수덕水德'으로 설명할 수밖에 없다는 것이다.

어부들의 의식 속에서 운은 아주 중요하며, 뿌리 깊은 상징이자 일반적인 관념으로 각인되고 있다. 어업에 종사하고 있는 사람들은 한 집단 내부에서 발생하는 어획고의 차이를 운으로 설명하는 경우가 대부분이다. '운'의 차이라고 말하는 사람들은 대개 어선의 크기와 어로장비의 다름, 그리고 이런 장비를 운용하는 기술의 차이 등을 크게 고려하지 않는다. 특정한 선장이 '운이 좋다'고 말하는 이면에는 지역사회가 선장으로서의 그 사람의 지도력을 인정하고 있으며, 또한 그 사람이 개인들 사이에서 자신의 특장을 드러내는 능력이 탁월한 경우가 많다. 즉, 특정한 선장의 능력을 '운이 좋다'는 식으로 설명하는 것은 그 선장이 지니고 있는 사회적 차이 혹은 장점을 에둘러 표현하는 것이다.

다른 동료 선장에 비해 지속적으로 더 많은 어획고를 올리면서도 자신의 성공비결을 알려주기를 꺼려하는 솜씨 좋은 선장의 어로 경영방식은 주목할 만한 요인이다. 그러나 동료 선장들이 따라잡지 못하는 그 노하우가 과연 무엇인지 구체적으로 알려져 있지 않으며, 한정된 자원을 두고 서로 경쟁하고 있는 선장들 간에는 그 노하우를 기술 혹은 정보 때문이 아니라 단지 '운이 좋다'는 식으로 설명하고 있다.

일반적으로 선장들이 정보공유를 꺼려한다는 것은 널리 알려져 있다. 비록 질적인 방법론을 동원하여 학문적으로 검증되지 않았다 하더라도 동일한 조건에서 유사한 혹은 같은 장비를 장착한 어선으로 다른 선장보다 지속적으로 높은 어획고를 올리는 선장들이 있다는 것은 명백한 사실이다. 그러므로 상대적으로 많은 어획고를 올리는 특정 선장들의 재능과 행동은 어업 종사자들 사이에서 중요하게 인식된다고 할 수 있다.

'선장효과'의 통계적 증명 여부와는 상관없이 '선장효과'에 대한 믿음은 선장들에게 중요한 효용성을 부여한다.[22] 어로작업에서 선장은 중심적인 위치에 있다. 작업조직에서 선장의 중심적인 위치는 선장에게 사회적으로 높은 위세, 선박 내부에서 무조건적인 권위, 그리고 넉넉한 경제적 대가를 제공한다. 어업 활동에서 선원들의 자율성은 제한되어 있으며, 선원은 선장에 비해 적은 몫을 배분받는다. 하지만 사회적 이동이라는 측면에서 선원들이 지위를 향상시킬 수 있는 기회는 제한되어 있다.

일반적으로 선원들은 사회적으로 낮은 계층에 속한다. 대개 낮은 수준의 공식교육밖에 받지 못했으며, 일단 선원이 된 다음에는 어업 외부로의 수직적 이동 가능성은 크지 않다. 따라서 선장이라는 위치는 야심찬 선원들이 도달 가능한 권력, 명예, 경제적 성공을 가져다 줄 수 있는 주요한 자리이다. 선장은 거의 대부분 선주의 지시 없이 독자적으로 선박과 장비를 운용한다. 선주는 선장을 선택할 수는 있지만 어로작업에 관한 한 선장을 완전하게 통제할 수는 없다.

한편, 어업활동의 위험과 불확정성은 어부들의 수입체계와 경제적 분배를 육상의 직업군과는 사뭇 다른 형태로 만든다. 이런 차이점들은 인간관계의 양상 및 사회·경제적 조직구성의 차이로 이어진다.[23] 또한 어업은 연간 총수입이 예측불가능하고 산발적이라는 특징이 있다. 어업은 계절에 따라, 시기에 따라 어황의 부침이 심하다. 어업생산과 수입이 들쭉날쭉하기 때문에 대부분의 어부 혹은 선주들은 육상의 중매상(혹은 객주) 및 금융기관에 빚을 지는 경우가 많다.

선원들의 보수체계 역시 육상의 직업군과는 상당히 다르다. 선원들이 시간단위로 일하는 경우는 거의 없다. 대개는 미리 결정된 몫(깃)에 따라 수입을 분배한다. 깃가름제는 한 어선에서 공동으로 작업하는 선장과 선원들, 그리고 선원과 선원 사이의 강력한 협력체계를 바탕으로 하고 있다. 깃가름제에 참여하고 있는 선장과 선원들은 자신의 생계가 같이 조업하고 있는 다른 선원들에 달려있다는 사실을 항상 자각할 수밖에 없다. 이와 같이 깃가름제를 바탕으로 하고 있는 어업의 특성상 어로성

22 Bjarnason and Thorlindsson, ibid, p.374.
23 Acheson, "Anthropology of Fishing", Ann. *Rev. Anthropology* 10, 1981.

공을 책임지고 있는 선장의 역할은 아주 중요하게 부각된다.

3. 꽃게 통발어업의 조업방식

꽃게 통발어업의 역사는 다른 업종에 비해 비교적 짧다. 통발로 꽃게를 포획하기 이전에는 그물을 이용하여 주로 연안에서 꽃게를 잡았다. 1960년대 말부터 합성섬유를 사용해서 현재 통용되고 있는 통발과 유사한 것을 제작하여 경기도 일부 지역에서 꽃게를 포획하였다고 한다. 하지만 꽃게 통발어업이 본격적으로 시작된 것은 1980년대 후반부터라고 할 수 있다. 1980년대까지는 주로 서남해안 해역에서 연안통발어업으로 꽃게를 잡았지만 1987년 무렵에 근해 장어통발 어선들이 중국 양쯔강 해역에서 꽃게어장을 개척하면서 꽃게 통발어업이 급격하게 증가하였다.

꽃게잡이가 호황이 되면서 장어통발 어선들이 어업허가를 기타통발어업으로 전환하였다. 1991년에는 한꺼번에 43척이 허가를 변경하였다. 1980년대 어선들의 크기는 대부분이 30톤급이어서 지금의 꽃게 통발어선(79톤)에 비하면 규모가 훨씬 작았을 뿐 아니라 장비와 시설도 열악한 편이었다. 1990년대에 접어들면서 냉동어선이 개발되고 어선의 크기 역시 대형화되었다. 선박의 대형화와 냉동시설 장착은 어장까지 왕복하는 횟수를 줄이고 보다 많은 양의 꽃게를 선박내부에 저장하려는 목적에서 비롯되었다. 꽃게의 주 어장인 양쯔강까지 왕복하는 데는 4일정도 소요된다. 왕복 횟수를 줄이려는 노력은 횟수를 줄임으로써 시간과 연료를 절감할 수 있을 뿐 아니라 작업횟수를 늘려 어획량을 증대시킬 수 있다는 경제적 동기가 작용하였다.

현재 가동 중인 꽃게 통발어선은 대부분 냉동선이며 선박의 크기는 법으로 정한 한계톤수인 79톤이다. 통영에 선적을 두고 있는 꽃게 냉동선 K호의 경우, 주 기관은 900마력이고 냉동기는 100마력이다. K호가 장착하고 있는 설비로는 무전기류 5대, GPS 2대, 알파 레이더, 레이더, 어탐기, 수온계, 기상팩스, 위성전화기, 일반전화기, 스카이 라이프시설, 감시카메라 4대, 자동항법장치, 자동위치발신 신호기, 위성자이로 컴퍼스 등이 있다. 승선인원은 선장을 포함하여 평균 11명이며, 한번 출항하면 육지로부터 재공급 없이 최대 60일 동안 작업가능하다. 냉동실에는 꽃게 상자(10kg)를 최대 6,000개까지 적재할 수 있으며 한꺼번에 냉동할 수 있는 최대용량은 4톤이다.

꽃게 통발어선의 작업공정은 미끼를 넣은 통발을 어장에 투하하는 투망작업과 꽃게가 들어있는 통발을 선상으로 끌어올려 포획된 꽃게를 선별하고 저장하는 양망작업으로 크게 구분된다. 투망작업에 비해 양망작업의 노동 강도가 높고 공정의 전 과정에서 숙련도가 요구된다. 투망작업은 선미에서 이루어진다. 먼저 선미 작업공간의 위쪽에 설치된 통발 저장 공간(통발집)에서 통발을 선미 작업공간으로 운반한다(운반공정). 어장원줄에 통발을 부착하기 위하여 '고다리(통발에 부착된 고리장치)'를 뺀다('고다리' 공정). 통발을 하나씩 투망용 작업대 위에 올린다(올림 공정). 작업대 위에서 어장원줄의 '스나프(고리)'에 '고다리'를 걸고 투망한다('스나프' 공정). 투망은 공정이 비교적 간단하고 투입되는 필수인원이 적지만 빠른 속도록 운항하면서 투망작업이 이루어지기 때문에 신속한 손놀림과 경험이 중요하다.

투망작업에 비해 양망작업은 작업공정이 사뭇 복잡하다. 그래서 양망작업에는 경험이 많고 숙련된 선원의 역할이 중요하다. 양망작업은 주로 선수에 있는 작업공간에서 이루어지지만 선미와 통발저장 공간까지 작업공정이 확대된다. 양망은 선박을 전진시키면서 기계장치를 이용하여 어장원줄을 감아올리는 작업이다. 먼저 원줄에 따라 올라오는 통발을 분리하고(탈락 공정), 통발 속의 어획물을 작업대에서 비우며(비우기 공정), 빈 통발 속에다 다음 작업을 위하여 미끼를 교체하여 넣은 후(미끼 공정), 미끼를 넣은 통발에 고리를 걸고 컨베이어에 올려놓는다(고리 공정).

선수의 작업공간에서 선박의 우현에 설치된 컨베이어를 따라 선미로 이동된 통발을 통발저장 공간에 차곡차곡 적재한다(적재 공정). 선박의 좌현에 부착된 기계장치를 거쳐 선미로 이동된 로프를 다음 투망을 위해 정연하게 사린다(줄처리 공정). 이런 작업공정에 투입되는 인원이 최소 6명이다. 이중 통발 탈락 공정과 줄처리 공정은 주로 경험 많고 노련한 선원이 도맡아 한다.

〈사진 3-3〉 선박 후미에 적재된 통발

양망공정에는 포획한 어획물을 분류하고 포장하는 어체 처리 공정이 포함된다. 양망을 하면서 올라 온 통발 속의 어획물을 비우면, 작업대 밑에 설치된 컨베이어를 따라 어획물이 이동된다. 컨베이어를 따라 이동되는 도중에 어획물을 종류별 크기별로 선별하고(선별 공정), 분류된 어획물을 포장용 박스에 차곡차곡 담고('다대' 공정), 어획물이 담긴 박스를 운반하기 용이하게 안전한 방식으로 포장한다(포장 공정). 어체 처리공정에서 중요한 과정은 어획물을 포장박스에 정리하여 수납하는 '다대' 작업이다. '다대' 작업이 잘못될 경우 박스 속의 어획물이 상하거나 상품 가치가 떨어진다. 양망과 투망 작업은 기계화되어 있지만 어체 처리 공정만큼은 수작업으로 해야 되기 때문에 재빠른 손놀림과 눈썰미, 그리고 경험이 아주 중요하다. 선장은 이런 모든 작업 과정을 지휘하고 통제하면서 선박의 운항속도를 올리거나 내림으로써 작업속도를 조절한다. 기관장은 기관과 설치장비의 운용을 도맡아 하지만 수시로 양망작업에도 투입된다.

꽃게 통발어업은 1995년~1997년 동안이 호황기였다고 한다. 이 기간 동안 상위 선장들은 연간 총수입을 1억 이상씩 올렸다고 한다. 한·중 어업협정 이전에는 중국 연안 수역까지 들어가 조업을 했을 정도로 어로구역이 넓었지만 지금은 조업구역이 제한되어 있다. 한·중 어업협정으로 잠정수역이 설치되었지만 꽃게어장이 형성되는 구역은 협소할 뿐만 아니라 가장 어획량이 많았던 양쯔강 수역에서의 조업이 금지되었다. 또한 중국 측에서도 어선수가 급격하게 증가함에 따라 자원이 남획되고 있다. 심지어 동지나 해역까지 중국어선들이 장악하여 한국어선들이 들어가 조업을 할 수가 없을 정도이다.

꽃게어장이 형성되는 주 어장은 서해 '특정해역'으로 한정된다.[24] 하지만 이곳에서는 기타통발어업 면허로 조업을 할 수 없다. 특정해역이 설정될 무렵에는 기타통발어업이라는 업종이 생성되지 않아 이곳에서 조업을 할 수 있는 허가업종에서 제외되어 있기 때문이다. 기타통발 어선들에게도 특정해역에서 조업할 수 있도록 허가해 달라는 청원을 몇 차례 하였지만 정부에서는 서해5도의 정치적 특성과 주민들의 반발을 들어 아직까지 조업을 허가하지 않고 있다. 특정해역만큼 꽃게 어장이 형성되는 수역이 없는 탓에 금어기가 종료되기가 무섭게 모든 꽃게잡이 어선들이 이곳으로 몰려든다. 2007년까지 특정해역에서의 꽃게잡이 어로기간은 9월 1일부터 이듬해 6월 30일까지였다. 바꿔말하면, 7월 1일부터 8월 31일까지가 금어기인 것이다.

꽃게의 금어기는 1974년 수산보호령 개정으로 전 수역에서 7월 1일부터 8월 31일로 설정되었다. 그 후 몇 차례 조정을 거쳐 2008년 1월에 꽃게의 산란기가 해역별로 차이가 있다는 이유를 들어 정부는 충청남도와 전라북도 수역을 경계로 북쪽 수역은 7월 1일부터 8월 31일까지, 남쪽 수역은 6월 1일부터 7월 31일까지로 설정하였다. 하지만 어선의 이동조업 문제와 연안어선의 불만이 제기되어 2008년 7월에 서해 특정해역(7월 1일부터 8월 31일까지)을 제외한 전 해역에서 6월 16일부터 8월 15일

24 서해 특정해역은 선박안전 조업규칙 제5조 조업해역의 구분에서 지정한 해역을 말한다.

까지로 다시 조정되었다.

기타통발 어선들은 서해 특정해역에서 조업할 수 없다. 조업을 하다가 적발되면 선장과 선주가 모두 처벌을 받게 된다. 2007년의 경우, 1회 적발 시에 벌금 150만원과 선장면허 정지 30일이었다. 서해 특정해역은 위도 상으로 37도 15분에서 25분 사이에 설정되어 있다. 통발어선들은 주로 37도 10분에서 15분 사이에서 조업한다. 15분을 넘으면 통제를 받게 된다. 이처럼 특정해역에서의 조업은 불법이지만 해경의 단속을 피해 특정해역을 들락날락거리며 조업을 한다. 경비정과 쫓고 쫓기는 가운데 조업을 강행하는 것이다.

경비정이 가고 나면 또 올라가고 경비정이 나타나면 재빨리 어장을 뽑아 남하하는 일이 반복된다. 요즘에는 전자장비가 좋아 경비정이 도착할 시간과 항로를 미리 보고 있다가 경비정이 나타나면 통발을 3초에 1개씩 올릴 정도로 재빠르게 움직인다. 숨 쉴 여가도 없다. 그래서 선원구성이 중요하다. (김○돌 52세)

선장은 경험 많은 갑판장과 4~5년 계속해서 함께 일하는 경우가 많으며, 선박을 옮길 때에도 갑판장은 물론 솜씨 좋은 선원들을 데리고 가기도 한다. 선원을 충원할 경우 대개 선주가 2~3명 많으면 4~5명을 충원하고, 선장이 3~4명 혹은 4~5명을 선택한다. 선원은 선장을 포함하여 11명이 기준이다. 최근에는 외국인 연수생 선원을 고용하기도 한다. 선장과 기관장이 2짓을 받고 일반 선원은 모두 1짓을 분배받는다. 선장은 일반적으로 선주와의 별도의 계약을 통해 선주 몫에서 일정액의 지분을 더 받는다. 갑판장의 경우 노련하고 솜씨가 좋을 경우 0.2짓을 더 받기도 한다. 외국인 선원은 월급제이다. 1년차는 75만원, 2년차는 85만원, 3년차는 95만원이다. 외국인 선원은 고용 계약상 3년 이상 승선할 수 없다. 외국인 선원의 보험금, 육지에서의 생활비, 퇴직금 및 기타비용은 선주가 부담한다.

〈사진 3-3〉 꽃게잡이 통발어선

기타통발어업은 포획할 수 있는 어종과 어기가 제한되어 있지 않다. 꽃게를 비롯하여 장어, 문어, 고동, 골뱅이 등을 주로 포획한다. 기타통발어업에서 꽃게가 가장 수입이 높은 어종이지만 꽃게 성어기는 9월부터 11월까지 3개월 정도이다. 꽃게의 어획량이 줄어들면 특정해역에서 남쪽으로 내려와 문어, 우럭, 고동 등을 주로 잡는다. 겨울철에는 동해로 이동하여 골뱅이와 새우를 잡기도 한다. 꽃게잡이를 하는 어선들은 거의 대부분이 냉동선이다.

꽃게잡이는 조업기간이 짧고 어장이 한정된 지역에서 형성되기 때문에 경쟁이 치열하다. 꽃게잡이를 할 경우에는 미끼를 넣은 통발을 투망한 뒤 6시간 후에 양망한다. 다른 어종은 투망한 지 70시간이 지난 다음에 양망한다. 꽃게가 아닌 다른 어종의 경우에는 어구의 개수가 많아야 조업의 효율을 높일 수 있다. 기타통발어업에서는 꽃게잡이가 주 수입원이고 다른 어종은 겨우 경비를 충당할 수준이다. 따라서 기타통발

어선은 꽃게잡이 성수기인 3개월 동안의 수익이 한 해의 수입을 결정하는 것이다. 꽃게 성수기의 수입이 저조하면 이듬해 봄 조업을 중단하기도 한다. 봄에 조업을 중단한 어선들 중에는 다음 조업기간이 시작되는 6월 무렵에 어선을 경매 처분하기도 한다. 이 무렵 파산하는 선주들도 있다.

인터뷰를 했던 꽃게 통발배의 선장들은 대부분 요리를 담당하는 하급 선원인 화장火長을 거쳐 일반선원, 기관장, 선장이 되는 과정을 겪어 왔다. 중학교를 졸업한 다음 곧바로 혹은 2~3년 뒤에 화장으로 배를 타기 시작한다. 그리고 몇 년 후에 일반 선원으로 있다가 능력이나 자질이 있다고 판단되면 기관장 조수(남방)를 한다. 기관장 밑에서 조수로 2~3년 일을 익힌 다음 배를 옮겨 기관장으로 나가게 된다. 기관장은 상대적으로 시간적인 여유가 있고 간부직이기 때문에 선장실을 자유로이 드나들 수 있다. 그러면서 선장 업무를 눈여겨보면서 선장의 도움으로 선장직에 필요한 지식과 기술을 습득한다. 하지만 어선의 선장이 되는 것은 기관장이 될 때와는 매우 다르다. 기관장은 조업기간 중에 기관을 관리하고 사고 없이 운행하도록 하는 것이 주 업무이지만, 선장은 총어획고를 높여 선원은 물론 선주에게 경제적 이득을 가져다주어야 하기 때문이다.

그래서 기관장 혹은 갑판장이나 일반선원이 선장이 되기 위해서는 주위 사람들의 도움이 필요하다. 대개 친척이나 선배들의 도움을 받아 선장이 된다. 같은 업계의 선배나 친척들이 그들이 종사하고 있는 선박의 선주에게 같은 선단의 선장으로 채용하도록 요청하여 1~2년 동안 신규 선장을 데리고 다니며 노하우를 전수한다. 일반적으로 선장들의 정규교육 수준은 대부분 중졸로 높지 않은 편이다. 하지만 어군탐지기를 비롯하여 첨단 전자 장비가 장착된 선박을 오랫동안 운용한 덕분에 고성능 장비를 다루는 데는 아주 익숙한 편이다.

4. 선장들이 말하는 '일류선장'

현재 꽃게 통발어선 선장들은 대부분 40대 후반에서 50대 초반에 해당하는 연령대이다. 총 어로 경력은 30년 이상이며 선장 경력만 해도 15년 이상 된 베테랑들이다. 특히 한・일 어업협정과 한・중 어업협정 이후 많은 선박들이 감척되면서 능력이 떨어진다고 판단된 선장들은 일선에서 물러나게 되었다. 이들 중에는 일부 나이 든 선장, 경제적으로 여유가 있는 선장 등도 포함되어 있지만 대부분은 비자발적으로 퇴출당한 사람들이다. 척수가 줄어들면서 당연히 선장 자리도 줄어들었으며 그 만큼 경쟁이 치열하게 되었다. 2008년 8월에 결성된 통영지구 기타 통발 선장협의회에 가입된 선장은 총 35명이다.

2008년 8월 5일에 선장협의회가 결성되었다. 선장협의회의 최대 목적은 선장들 상호 간의 친목도모이다. 바다에서는 서로가 경쟁의 대상이지만 위난 시에는 서로 돕자는 취지를 담고 있다. 또한 선주들과 공생의 길을 찾자는 것이다. 국제 어업협정과 감척정책으로 말미암아 일자리가 줄어들고 수입이 격감하고 있는 현실을 타개하기 위해서는 선주들과 공존해야 한다는 것이다. 하지만 아직까지는 구체적인 대안이나 어로 규제와 같은 상호협약을 마련한 단계는 아니다.

과거 10년 전만 해도 통발어선이 100여 척에 육박했었다. 다시 말하면 10년 전에는 선장자리가 100여 개였지만 감척과 도산으로 인해 현재는 35자리밖에 되지 않는 셈이다. 이것은 60여 명 이상이 현직에서 물러나고 현재 선장으로 일하는 사람들은 이런 치열한 경쟁에서 살아남았다는 것을 의미한다. 통발어선 선장들이 말하는 '일류선장' 혹은 'A급 선장'에는 두 가지 의미가 뒤섞여 있다. 하나는 매 어로기간마다 선장들의 어획량 서열이 거의 고정되어 있다는 의미로 해석하고 있는 '선장효과'이다. 같은 선장이 계속해서 상위를 차지하며, 일부는 중간 정도를, 나머지는 해마다 바닥을 헤매다가 결국 퇴출당한다는 것이다. 이처럼 어획량을 기준으로 보면 선장들의 등급은 해마다 크게 달라지지 않는다는 것이다. '선장효과'에 대한 다른 관념은 개별 선장들의 행위 혹은 실천에 기반을 두고 있다. 이런 관념은 다른 선장들에 비해 특출한 결과를 낳는 특별한 선장이 있다는 것을 말한다. 선장들 사이의 고정적 위계를 상정하지는 않지만 선장들 중에서 일부가 어획량에서 항상 상위를 유지한다는 것이다. 이런 'A급 선장'을 제외하고 나머지 선장들의 어획량은 다소 불균등하게 분포되어 있다.

'선장효과'에 대한 이런 두 가지 관념은 상이한 자료와 서로 다른 분석방식을 요구한다. 첫 번째 관념은 전 선단에 대한 분석을 요구하며 장기간 동안 선장들의 실제 어획량을 지속적으로 관찰하여야 한다. 두 번째 관념은 몇몇 소수 사례를 두고 질적인 분석이 필요하다.[25] 어로에서 특출한 성공을 한 선장들에 대한 이야기에서 일반인들의 '믿음'이 비롯된다. 이런 이야기들은 실제 어획량에 대한 사실뿐 아니라 종종 해당 선장이 어떻게 만선을 할 정도의 어획을 했는지에 대한 일화를 포함하고 있다.

한마디로 'A급 선장'은 어획량이 많은 선장을 말한다. 인터뷰를 했던 선장들은 최대 어획고를 올리는 선장의 자질 중 첫째로 '운'을 꼽았다. 즉, 수덕이 있어야 한다는 것이다. 하지만 선박이 대형화·첨단화되면서 '운'의 중요성은 점점 낮아지고 있다. 어떤 사람이 계속해서 '운'이 좋을 수 없다는 것을 강조한다. 운도 보편화되어 있다는 것이다. 선장들은 바다에서의 어로작업이 기술과 노력만으로 성취되는 것이 아니라는 것을 잘 알고 있다. 바다 일은 운수에 좌우되는 경우가 많다는 것을 강조한다.

선장의 능력과는 별개로 조업 조건이나 상황이 맞아떨어지면 작업 현

25 Thorlindsson, ibid, p.201.

황이 좋을 수도 있다는 것을 피력한다. 인터뷰를 했던 선장들은 '운수'가 좌우하는 바다 일에 대해 어떤 선장도 항상 성공을 장담할 수 없다는 이야기를 자주했다. 이런 주장과는 별개로 어로작업에서의 성공은 선장의 기술이 70%를 차지한다고 말한다. 나머지 30%는 선박과 장비, 선원구성, 선주의 뒷바라지 등에 달려 있다는 것이다.

A급 선장은 첫째 수덕(水德)이 있어야 한다. 같은 어장에서도 앞서 어장을 놓은 선장은 작업을 못했는데 뒤에 어장을 놓은 선장이 작업을 잘 할 수도 있고, 같은 배를 두고도 이전 선장은 작업을 못했지만 다음 선장이 작업을 잘하는 경우도 있다. 이것은 수덕이라고 밖에 말할 수가 없다. (배○, 50세)

선박기계와 장비가 좋아질수록 선장들의 노하우 혹은 선장의 경험이 어획량을 좌지우지하는 경우가 줄어든다. 어군이 형성된 장소로 어선들이 이동하여('노부리'라고 한다) 7~8척이 한꺼번에 투망을 해도 1~2척은 어획량이 많고, 3~4척은 중간 정도이지만 나머지는 '꼴방(어획량이 형편없을 경우를 말한다)'인 경우도 허다하다. 어떤 경우에는 어장의 중심부에서는 잘 잡았는데 양쪽 끝에서는 어획량이 형편없는 경우도 있다. 그리고 그 반대인 경우도 많다. 선장들은 어로성공에는 실력과 운이 뒤따라야 한다고 말한다. 같은 선장이라도 어선을 옮길 경우 어획량이 확연히 달라지는 경우도 있다.

통발어선 선장들이 말하는 'A급 선장'은 한 어기 동안 전체 선단 중에서 어획량이 최상위에 속하는 선장이 아니라 몇 년간 지속적으로 상위 성적을 올리는 선장을 말한다. 하지만 현재로서는 개별 선장들의 어획량을 검증할 수 있는 수단이 없다. 강제상장제가 아닌 임의상장제를 채택하고 있는 현 체제에서는 개별 선박의 어획량은 물론 선단 전체의 어획량을 가늠할 수 있는 어떤 통계자료도 없다. 단지 선장들 혹은 선주들 사이에서 대략적인 비교를 통하여 개별 선장들의 어획량을 가늠하거나 선원 일인당 배분 받은 몫, 즉 한 짓의 크기로 총 어획고를 짐작할 뿐이다.

> A급 선장은 10년 정도 꾸준하게 작업 성적을 내는 사람을 말한다. 지금까지 연간 수익이 상위 1위~5위 이내에 빠지지 않는 선장을 A급이라 한다. 통영에서 통발배 25척 중에서 항상 5위 이내에 드는 사람들이다. 등수는 생산액을 기준으로 할 때를 말한다. (김○돌, 52세)

'A급 선장'이라는 명성은 보통 선장이 된 다음 1~2년 안에 판가름 난다. 조업구역이 한정되어 있으며 특정한 선박의 어장자리가 정해진 있는 경우에는 선장의 능력이 어로성공을 결정하는 중요한 요인이 된다. 선장의 작업능력이 어로성공을 이루는 열쇠인 것이다. 어로장비와 시설의 차이가 어로성공의 여부를 판가름할 수도 있지만, 특정한 선장이 10년 이상 계속 좋은 성적을 올린 경우를 단순히 개인적인 운과 선박의 크기로 설명할 수는 없다. 어로성공의 판가름에는 선장 나름대로의 전문기술이 개입해 있기 때문이다. 선박을 이동하여도 지속적으로 어획고를 올리는 선장이 일류선장이라는 것이다.

정보제공자들은 'A급 선장'은 노력이 절반 이상을 차지한다고 말한다. 이들은 천재라도 노력이 중요하다고 지적한다. 선장의 판단력은 경험에서 우러나온다. 'A급 선장'과 'C급 선장'의 차이는 불황일 경우에 두드러진다. 호황일 경우에는 별 차이가 없다는 것이다. 전반적으로 조업성과가 미미한 불황기에는 'A급 선장'의 어군을 찾는 정보력, 경험, 판단력이 두드러지게 나타난다. 선장은 어로성공을 위해 끊임없이 노력해야 한다. 정규교육 기관을 거쳐 선장이 되는 길도 있지만 꽃게 통발어선 선장들은 대부분이 정규교육 없이 경험과 노력으로 선장이 된 사람들이다. 따라서 선장이 된다는 것은 여러 선원들 중에서도 몇 사람만 통과할 수 있는 관문인 셈이다.

선장이 되고자 하는 사람은 처음부터 어깨너머로 기계를 다루는 법을 배우고 장비를 손수 운전해보면서 익혀야 한다. 호기심이 많아야 한다. 기계를 작동시켜 보고 실습을 해야 한다. 선장을 하려고 하는 사람은 처음부터 노력을 해야 한다. 해로를 어떻게 측정하는지 레이더 같은 장비는 어떻게 다루는지를 배우고 익혀보려 덤벼야 한다. (김○기, 46세)

일류선장이 되기 위해서는 이끌어주는 선장이 있어야 한다. 좋은 선장 밑에서 배운 사람은 선장이 '가다부리'에 선장으로 추천하여 선장이 되기도 한다. '가다부리'는 같은 선단에 소속된 어선을 말한다. 주로 작업을 잘하는 선장이 자신의 후배나 친척을 같은 선단의 선장으로 추천하고 후원한다. 선주에게 자신이 '작업을 같이 하겠다'거나 '자식같이 데리고 다니면서 작업 노하우를 전수하겠다'는 언약을 한다. 이렇게 해서 경험 많은 선장 밑에서 배운 선원 혹은 기관장이 '신(新)선장'으로 조업을 나가게 된다.

정보제공자들은 통영사람들 중에서 선장이 많은 이유를 이런 인간관계에서 비롯된 것으로 설명한다. 기존선장들이 자신의 동생이나 자신의 배에서 함께 일한 갑판장 혹은 기관장을 같은 선단에 속한 어선 중에서 선장자리가 공석일 경우 혹은 새로 구입한 배의 선장으로 추천하기 때문이다. 기존선장은 단지 추천으로 끝나는 것이 아니라 새로 선장을 맡은 사람을 자신과 함께 다니도록 하면서 작업 기술과 요령을 터득하여 작업성과를 높이도록 도와준다. 이렇게 해야만 선주들이 위험을 감수하고 경험이 없는 사람을 선장으로 받아들이게 된다.

1980년대 오상호의 선장이 영○이었다. 당시 영○이는 A급 선장으로 경험이 많고 부지런한 선장이었다. 정○이가 신선장이 되면서 영○이(선박)를 따라 다녔다. 술을 사주고 '로비'를 해서 영○이를 따라 다닐 수 있었다. 동지나 해역에서 작업을 하면서 영○이가 어장을 놓으면 그 옆에 어장은 놓고, 자리를 옮기면 따라 옮기고 하는

식으로 작업을 했다. A급 선장의 노하우를 배웠던 것이다. (이○수, 52세)

정보제공자는 'A급 선장'이라고 소문난 사람에게는 남이 쉽게 따라갈 수 없는 뭔가가 있다는 점을 인정하면서도 자질만으로는 'A급 선장'이 될 수 없다고 말한다. 노력을 많이 하고 선원들을 다루는 솜씨도 있어야 하며 정보도 빨라야 한다는 것이다. 또한 조업할 수 있는 선박시설과 선원구성이 좋아야 한다. 즉, 'A급 선장'이 되기 위해서는 선주와 선박, 그리고 선원이라는 삼박자가 제대로 갖추어져야 된다는 것이다. 한·중 어업협정 이후 꽃게 어장은 주로 연근해에서 조업을 한다. 따라서 혼자만 알고 있는 어장에서 단독조업을 할 수가 없다. 장비가 발달한 요즈음에는 과거처럼 자신만 알고 있는 어장자리나 노하우가 그렇게 중요하지 않게 되었다.

어로성공을 위해서는 선원들이 제대로 구성되어야 한다. 그래서 'A급 선장'들은 솜씨 좋은 선원들로 이루어진 팀을 몇 년간 계속해서 데리고 일을 하기도 한다. 최근에는 선원으로 일하려는 사람들이 줄어들면서 솜씨가 좋지 않은 선원이라도 서로 데려 가려고 경쟁이 치열하다. 심지어는 다른 어선에 승선하기로 계약된 사람을 웃돈을 주고 몰래 데려오기도 한다. 선원구성은 항상 유동적이기 때문에 항구에 들어온 다음에도 선장들은 선원의 이탈방지에 신경을 곤두세우고 있다. 'A급 선장'이 되기 위해서는 선장과 선원, 그리고 선원들 사이의 화합이 이루어져야 한다.

94년에 꽃게가 많이 났다. 한 손(1회 조업)에 300박스에서 400박스를 잡았다. 통영 배들은 (선원들의) 손이 빨라 작업 속도가 빠르다. 부산 배들은 선원들의 팀워크가 좋지 않다. 부산 배들이 이틀에 세 손하는 데 통영 배들은 하루에 두 손씩 한다. 어장(통발) 3,000개를 투망해서 양망하는 것이 한 손이다. 투망하는 데 1시간에서 1시간 반 정도, 양망하는 데 4시간 정도 소요된다. 하루에 두 손하려면 수면 시간이

4~5시간밖에 되지 않는다. 당시에는 10~15일 작업해서 뱃짐을 채워 들어왔다. 지금은 어장(통발)을 7,000개씩 싣고 나간다. 한꺼번에 5,000~6,000개를 투망하고 양망한다. 선박과 시설이 좋아졌기 때문이다. 지금은 하루에 한 손씩 한다. 작업 강도가 예전에 비해 수월해졌다. 6~8시간 정도 작업하고 나머지 시간은 수면을 취하거나 대기 상태에 있다. (이○수, 52세)

어로성공은 선장 혼자만의 능력만으로는 어렵다. 선원구성이 좋아야 하고 선원들 간에 팀워크가 잘 되어야 어로성공을 이룰 수 있다. 선원들의 능력이 부족하거나 의욕이 없으면 작업속도가 떨어지고 사고가 나기 쉽다. 선장은 선원들 사이의 관계를 파악하고, 선원들의 의욕을 북돋으며 작업능력을 향상시킬 할 책임이 있다. 선원들을 다룰 때는 개인적인 친화력, 카리스마, 경제적 보상 등이 동원된다.

선원은 소위 말하는 3D 업종에 속한다. 선원 중에는 나이는 들었지만 미혼인 자, 가정생활이 파탄상태인 자, 별거중인 자 등 가정생활이 원활하지 못한 사람들이 많다. 이런 선원들은 조업기간 중에 이탈하거나 다른 선박으로 이동하는 경우가 많다. 다른 선박으로 이동해 가더라도 재산도 없고 가족상태도 불분명할 뿐만 아니라 거주지도 불명확한 사람들을 찾아서 선급금을 돌려받기란 쉬운 일이 아니다. 선원의 수요는 많지만 공급이 부족하기 때문에 매 어기마다 이와 같은 문제가 빈번하게 발생한다. 선원을 다스리고 화합하게 만드는 일이 선장의 중요한 역할이다. 어로성공을 위해서는 선원구성이 중요하기 때문이다.

5. 어로성공과 정보교환

과거에는 'A급 선장'들이 생산고를 높이는 데에만 집중하였다. 생산을 많이 하기 위해서는 선원관리는 물론 선주와 화합이 이루어져야 한다. 즉, 'A급 선장'이 작업 성적을 꾸준히 올리기 위해서는 선주가 어떻게 뒷받침을 해주는가가 중요하다. 가장 중요한 선주의 뒷바라지는 선박의 시설에 대한 투자이다. 또한 통발어업에 필수적인 좋은 미끼를 제때에 공급해 주어야 한다. 솜씨 좋은 선원을 데리고 올 정도로 자금력이 풍부해야 한다. 선박과 설비, 그리고 선원을 확보한 다음에 선장들의 능력이 발휘될 수 있다. 이처럼 선장들이 말하는 '선장효과'에서 선박, 설비, 선원은 고정변수인 셈이다.

어로에서 성공하기 위해서는 선장의 판단이 중요하다. 비록 많은 양은 아니지만 지속적으로 어획량을 확보하다가 조업지를 옮기면 어획량이 형편없이 떨어지는 경우도 있다. 이전의 경험과 자료를 분석하여 어장자리를 확보하고 며칠 동안 기다리다가 어획량이 신통치 않아 옮기고 나면 다른 어선들이 그곳으로 들어가 성공을 거두는 경우도 있다. 현재의 장소에서 어황이 괜찮더라도 물때, 날씨, 조류 등을 감안하여 앞으로 많은 어군이 형성될 장소를 선점하기 위하여 자리를 옮겨 이동해야 할 때도 있다. 이런 결정은 과거의 경험과 현재의 물때, 조류, 바람, 수온 등을 고려하여 선장이 판단한다.

선장이 조업을 결정하는 데는 여러 가지 요인과 정보가 고려된다. 선장들은 어로기간, 지금 장소에서의 어획량, 조업일수, 남은 연료, 총어획량, 현재 장소에서 예상되는 어획량, 다른 장소로 옮겼을 경우 예상되는 어획량, 항구까지의 거리 등 많은 변수들과 요인들을 종합적으로 판단하여 결정을 내린다. 어떤 경우에는 이런 '합리적' 판단보다는 예감에 따라 결정하는 경우도 있다. 바다에서 어로작업을 하면서 최적의 결정을 내린다는 것은 불가능하기 때문에 어떤 예감에 따르고 사후에 이런 결정을 상황과 맥락을 덧붙여 '그럴듯한' 것으로 설명하는 경우도 있다. 수덕이 있다고 간주되는 몇몇 선장들은 그들의 심리적 특출함으로 인해 예감에 따른 판단이 행운을 불러오는 것으로 받아들여진다.

선장들이 특정한 시기에 특정한 장소로 이동하는 것은 하나의 요인만으로 결정되는 것이 아니다. 어떤 장소에 머물기로 한 결정은 다른 장소로 이동하거나 항구로 돌아가는 것 이상의 선택을 요한다. 선장은 지속적으로 결정을 내려야 한다. 선장은 특정한 어장으로 이동하고, 도착하면 작업 지시를 내린다. 그곳에서 작업이 끝나면 정보와 경험에 따라 혹은 예감에 따라 다른 장소로 이동한다. 다른 장소로 이동하거나 한 장소에 계속 머물면서 작업을 하는 데는 많은 정보와 지식이 요구된다. 선장의 전문기술과 경험은 날씨예보를 해석하고, 수온을 파악하고, 어군을 관찰하고, 육지에서 선주로부터 정보를 받고, 무전기에서 흘러나오는 다른 선박들의 위치와 어획고에 대한 개략적인 정보를 듣고, 어군탐지기와 위치추적기를 판독하고, 현재의 위치에서 어획량과 어획당시의 날씨, 총어획량, 포획한 어획물의 어종과 크기, 조류와 바람의 방향 및 세기를 파악하고 해석하는 데 도움을 준다.

선장들 간의 정보 공유도 어로성공을 이끄는 매우 중요한 요인이다. 과거에는 혼자만 알고 있는 어장자리를 확보하고 있거나 특별한 어로방법을 사용할 수 있었지만 지금은 그렇지 않다. 선박의 장비가 발달하여 서로 정보를 교환하지 않고 단독으로 특정한 어장에서 조업을 하는 것은 불가능하다. 그래서 선장들끼리 정보를 교환하는 것이 중요하다. 선장들은 서로 유사한 기술과 전략을 사용하여 통발을 설치한다. 어군탐지기가 없었던 시절에는 통발 설치장소를 물색하는 선장의 능력과 안목이 중요했다. 하지만 첨단장비 덕분에 선장들은 다른 어선들이 어디에서 작업하고 있는지를 쉽게 파악할 수 있게 되었다. 따라서 선장들 대부분은 정보교환 없이 단독으로 어로작업을 하는 것이 성공할 수 있는 기회가 더 적거나 바람직하지 못하다고 판단하고 있다.

꽃게잡이는 정해진 어장자리나 구역이 없다. 어군이 형성되었다고 판단되면 누구나 투망할 수 있다. 일반적인 규칙은 먼저 어장자리를 잡고 투망한 선박이 우선권을 가진다. 보통 일직선으로 어구를 투망하여 어장을 설치함으로써 어장자리를 확보한다. 하지만 뒤에 들어온 선박이 먼저 온 어선이 어장자리를 확보하고 투망한 곳에다 가로질러 어장을 설치할 경우가 있다. 이때는 분쟁이 발생한다.

꽃게어장이 형성되는 어기 동안에는 좁은 어장자리를 두고 분쟁이 자주 발생한다. 어군이 제한된 구역에 형성되는 탓에 여러 척의 어선들이 한 곳으로 몰려들어 어구를 설치하려 하기 때문이다. 대부분의 분쟁은 말다툼으로 끝나며, 먼저 어장을 설치한 어선에 우선권이 있다는 것을 인정한다. 뒤에 들어온 어선이 어장을 설치하려면 먼저 와서 자리를 잡고 있는 어선의 선장에게 양해를 구해야 한다. 먼저 온 어선이 투망한 어장의 간격을 좁혀주거나 자리를 이동해 양보하지 않으면 그 자리에다 어장을 설치할 수 없다. 이런 행위는 일종의 불문율에 속한다. 먼저 온 선장이 어장자리를 넓게 확보하고 있으면 그 주변에다 어장을 설치할 수밖에 없다. 꽃게가 잡히는 성어기에는 어장과 어장사이의 간격이 10초 단위로 아주 밀집된다. 어장자리가 넓을 때는 15초 간격으로 어장을 널찍하게 설치하다가 자리가 좁아지면 5초 간격으로 어장이 투망되기도 한다.

일부 선장들은 다른 선장으로부터 조업현황에 대한 정보를 수신한 다음 현황이 좋은 어장으로 옮겨 조업하기도 한다. 하지만 다음에 자신이 좋은 어장을 발견해 조업할 때는 다른 선장에게 조업현황에 대한 정확한 정보를 알려 주지 않고 70% 정도만 알려 주는 얌체도 있다. 자신이 유리한 어장에서 조업을 하는 경우에는 정보를 공유하지 않거나 거짓 정보를 흘려 다른 선박이 자신의 조업구역으로 이동하지 못하도록 방해하는 경우도 있다. 어획량이 많으면서도 사고로 조업을 못하고 있다고 정보를 왜곡하기도 한다. 이런 사태가 발생한 경우 조업기간이 끝난 다음 항구로 돌아와서는 언쟁이 발생하고 결국에는 정보를 공유하는 인간관계가 깨어지기도 한다.

꽃게는 유동성이 높은 생물이기 때문에 어장자리가 고정되어 있는 것이 아니다. 언제 어디에서 어장이 형성될 지를 예측하는 것이 어렵다.

그래서 선장들 간의 정보공유가 중요하다. 정보공유는 모든 선장들 사이에서 이루어지는 것이 아니라, 4~5명 혹은 그 이상의 사람들로 한정된다. 특별한 명칭이나 형태를 가진 조직은 아니지만 이들은 육지에서 쉬는 동안에도 매일같이 어울려 노름을 하거나 술을 마시는 일종의 '그룹'이다. 선장들 사이의 정보망은 이런 인간관계에서 비롯된다. 이런 그룹에 소속되기 위해서는 '로비'를 해야 한다고 말한다. 선장들이 말하는 로비란 같이 어울려 술을 마시고 노름을 함께하면서 관계를 형성하는 것이다. 육지에서 이렇게 형성된 소 모임 형태의 '그룹'은 바다에서 어로작업을 할 경우에는 서로 정보를 주고받는 관계가 된다.

망망대해에서 어느 곳에 어군이 형성되는지 생산량이 어느 정도인지를 알기 위해서는 정보망이 필요하다. 그래서 '남이 불러주지 않으면 좋은 작업성과를 내기가 어렵다'고 말한다. '남이 불러준다'는 것이 자기들만의 무선망으로 어장이 형성된 지점의 좌표를 가리켜 주는 것을 말한다. 선장들 사이의 은어로 '타임'이라 한다. '타임'은 레이더에 잡힌 정보와 전자해도의 좌표를 다른 선장에게 불러주는 것을 말한다.

> 어장을 하다보면 형제간에도 갈등이 발생한다. 우리 친 형님이 선장인데 자기 욕심이 많은 사람이다. 한번은 어황이 좋지 않아 형님에게 (정보를) 물었다. 작업이 잘 되느냐고. 그 쪽에서 형님이 움직이지 않고 계속해서 작업을 하는 것으로 보아 현황이 괜찮다고 생각했다. (형님 쪽의) 어황이 좋으면 그쪽으로 옮길까 하고 정보를 물었다. 형님 왈, '누가 어장을 가로질러 놓아서 어장이 꼬이는 바람에 갑판장이 작업하다가 대가리(머리)가 터져 꼼짝도 못하고 누워 있어 할 수 없이 (어황이 좋지 않음에도 불구하고) 그냥 죽치고 있다'고 했다. 갑판장이 다쳐 일을 못한다는 것이었다.
>
> (김○기 46세)

하지만 조업기간이 끝나고 통영항으로 귀항한 다음 정보제공자의 형님이 준 정보가 거짓이었다는 것이 밝혀졌다. 다쳤다는 갑판장은 멀쩡

했으며 어황이 좋지 않았다고 했지만 어획량이 많았다는 것이었다. 정보제공자의 형님은 자신의 '그룹'에 속한 선장 4~5명에게는 정확한 정보를 제공했지만, 그룹의 일원이 아니었던 동생에게는 거짓 정보를 흘렸던 것이었다.

위 사례는 바다에서는 정보를 공유하는 그룹의 단합이 형제애보다도 앞선다는 사실을 드러내준다. 어떤 선장은 유대관계가 없는 선장에게 자신의 정보를 주느니 차라리 돈을 주는 것이 낫다고 말했다. 개별 선장의 작업현황은 다음 어기에 선장자리를 계속할 수 있는지와 직결될 뿐만 아니라 서로 경쟁관계에 있기 때문에 쉽사리 정보를 공유하지 않는다.

정보를 공유하고 있는 집단은 주로 가까운 친구나 선후배 관계에 바탕을 두고 있는 사람들로 구성된다. 한 구성원이 집단 전체에게 정보를 제공하는 방식이 아니라 주로 집단 내부의 특정한 개인이 개인들에게 정보를 주고받는 형태를 유지한다. 즉, 정보교환은 집단적인 형태로 공유하는 것이 아니라 개인적인 관계에 바탕을 두고 서로 교환하는 방식으로 이루어진다. 따라서 정보교환은 규범상으로는 항상 호혜적인 방식으로 이루어진다. 정보를 교환함으로써 얻는 이득은 부차적인 것으로 그치는 것이 아니라 협조를 통해 시너지 효과를 산출할 수 있다.[26] 위난 시에 서로 도움을 주고받는 경우와 달리 정보교환은 매우 능동적인 전략이다. 그래서 참가자들은 개인이 단독으로 어획하는 것보다 정보를 교환할 경우 더 많이 어획할 수 있다고 상정한다. 정보를 교환하는 집단에 속하는 구성원들은 바다에서 뿐만 아니라 육지에서도 부부동반 계모임과 같은 형태를 통해 결속을 유지하거나 동료들끼리 같이 노름을 하고 술을 마시면서 관계를 끊임없이 재확인한다.

26 Gatewood, "Cooperation, Competition, and Synergy", *American Ethnologist* 11(2), 1984a, p.351.

그룹 내부의 정보교환은 호혜성에 바탕을 두고 있기 때문에 정보의 신뢰도 및 교환하는 정보의 질과 양이 중요하다. 정보의 신뢰도가 의심되고 정보가 제대로 교환되지 않을 경우 이런 관계는 쉽사리 와해될 수 있기 때문에 한편으로는 관계유지를 위하여, 다른 한편으로는 개별적 어로성공을 위하여 정보의 교환정도를 저울질하면서 균형점을 유지하려 노력한다. 정보교환 집단을 형성함으로써 누릴 수 있는 가장 중요하고 명백한 혜택은 참여한 선장들에게 운항 시간과 비용을 절감하면서 어디에서 어획할 것인가를 결정하는 데 도움을 준다는 것이다. 결국 선장들 사이의 '의리'와 금전적 보상은 장기적으로 보면 서로 보완적인 관계가 된다.

과거 어군탐지기와 위치추적기 같은 첨단 장비가 없었던 시절에는 선장의 경험과 노하우가 중요했었다. 그래서 선단을 이루어 어군을 찾아다니는 것보다 단독으로 어군을 찾아다니는 것이 어로성공을 이끄는 중요한 변수로 작용하였다. 하지만 최근에는 장비가 발달한 덕분에 모든 선장들은 다른 어선들이 어디에서 작업을 하고 있는지를 파악하고 있다. 선장들은 믿을만한 다른 선장들이 전해주는 정보에 의존하고 행동하는 것이 단독으로 조업을 하는 것보다 일반적으로 더 성공하는 빈도가 높다는 것을 인지하고 있다. 그래서 선장들 사이의 정보교환이 중요하다.

6. 왜 일류선장인가?

어업은 육지의 다른 직종과 여러 측면에서 구별되는 특수한 직업이다. 어업은 힘들고 위험한 직업이다. 어로작업은 약탈의 일종으로 포획하고자 하는 대상물이 잡힐 때까지 찾아다닌다. 어부들은 바다에서 일을 하기 때문에 물리적 및 사회적 환경을 다스릴 수 있는 방안을 마련해야 한다. 물리적으로 어부들은 사나운 날씨와 마주해야 하고 흔들리는 갑판에서 장비와 어구를 다루어야 한다. 그리고 장시간 동안 좁은 공간에서 작업을 해야 하고 가족과 친구들과도 장기간 떨어져 있어야 한다. 사회적으로 다른 어부들과 경쟁을 하면서도 필요에 따라서는 협조를 해야 한다. 어업의 이런 특성 탓에 어로작업에서 선장의 역할은 아주 중요하다. 그것은 선장이 어디에서 조업할 것인지, 언제 투망할 것인지, 어떤 방식을 사용할 것인지를 결정하기 때문이다.

어로작업에 미치는 선장의 긍정적 역할은 어로성공에서 아주 중요한 변수로 작용한다. 어업에서 선장의 긍정적인 역할, 즉 '선장효과'가 실제로 존재하는지 여부는 통계적으로 검증되기가 아주 어렵다. 측정기준에 따라 '선장효과'가 있다고 할 수도 있고 없다고 주장할 수도 있을 것이다. 하지만 '선장효과'가 실제로 작동하는지 여부와는 상관없이 선장을 포함한 일반인들의 담론 속에는 '선장효과'에 대한 믿음과 이야기가 존재한다.

어업에 종사하는 사람들 대부분은 성공적인 선장에게는 특출한 자질이 있다고 간주한다. '선장효과'가 어업에서 어떻게 수용되고 있는지, 그리고 실제로 '선장효과'가 있는가 하는 것은 어로정책에서 중요한 문제가 될 수 있다. 여기에서는 꽃게 통발어선의 선장들을 대상으로 선장의 입장에서 어로성공을 이끄는 특출한 선장은 어떤 사람들인가, 그리고 어로성공을 이끌기 위해서는 무엇이 가장 중요한 요인인가를 그들의 담론을 통해 분석하였다.

'선장효과'에 대한 입장은 사람들마다 약간씩 차이가 있었다. 하지만 공통적으로 어로성공에 미치는 선장의 역할을 긍정적으로 파악하고 작업 성적이 탁월한 선장에게는 성공적이지 못한 선장에 비해 특출한 개인적 자질이 있다고 간주하였다. 꽃게 통발어선 선장들의 담론분석을 통해 선장의 개인적 자질은 선원들을 다루는 능력 및 선주들의 투자와 협력을 이끌어내는 능력과도 밀접한 관련이 있다는 것을 알 수 있다.

이런 개인적 자질과 더불어 '일류선장'이 되기 위해서는 많은 경험과 노력 이외에 우수한 선장으로부터 받은 훈련과 전폭적인 지원이 필요하다는 것을 강조하고 있다. '일류선장'으로 인정을 받은 이후에도 지속적으로 어로성공을 이끌어내지 못하면 도태되고 만다.

어떤 선장이라도 단독으로 조업을 할 경우에는 매어기마다 어로성공을 거두기가 어렵다는 것을 잘 알고 있다. 그래서 동료선장들과의 정보교환을 통하여 실패를 줄이고 어로성공의 기회를 증대시킨다. 즉, 정보를 교환하는 '그룹'을 형성하는 것이 중요하다. 한마디로 어로성공 혹은 '선장효과'는 특출한 선장의 개인적 자질에서 비롯된다고 설명되지만, 이런 개인적 자질 못지않게 선원구성 및 선주들의 투자와 협력 그리고 동료선장들과의 정보교환이 중요한 역할을 하고 있다는 것이다.

참고문헌

■ **제1부**

강정우, 「우리나라 연근해어업의 수익분배제의 합리화에 관한 연구」, 『인적자원관리연구』 제13권(1), 한국인적자원관리학회, 2006, 1~27쪽.

근해기타통발선주협의회 회원선박 보유현황, 2003.

근해장어통발수협 유류카드 발급자료, 1983~1989.

근해통발수협 기타통발어업 망목조정자료, 2003.

근해통발수협 조합원 현황, 2008.

김대안 · 고관서, 『어구학』, 부산 : 교문출판사, 1985.

____________, 「통발어구의 어획기구 및 개량에 관한 연구」 『한국수산학회지』 20(4), 한국수산학회, 1987, 348~354쪽.

김봉안 · 김상근, 『서해산 꽃게의 어업생물학적 연구』, 『국립수산진흥원 연구보고』 13호, 국립수산진흥원, 1974, 59~75쪽.

김우수, 『수산경영학』, 부산 : 구덕출판사, 1998.

농수산물 검사소 수산물 수입검사현황, 1998~2004.

농수산물유통공사 수산물가격정보, 1988.

류정곤 · 김대영 · 이정삼 · Hirotsugu Uchida · Emi Uchida, 『우리나라의 어업협동관리에 관한 연구』 Ⅰ, 한국해양수산개발원, 2008.

류정곤 · John M. Gates · 남종오, 『우리나라 ITQ 제도 시행을 위한 기반조성 연구』, 한국해양수산개발원, 2004.

박병수 · 이명규, 「근해어선 감척사업의 생산량에 관한 효과분석」, 『수산해양교육연구』

제17권(1), 한국수산해양교육학회, 2005, 115~131쪽.
박정석, 「어장공유와 어업규제 : 꽃게 통발어업을 중심으로」, 『민족문화논총』 제39집, 영남대학교 민족문화연구소, 2008, 546~577쪽.
백승남, 「꽃게 통발의 망목선택성」, 군산대학교 대학원 석사학위논문, 2006.
수산경제연구소 어법/품종별 어업생산통계, 2007.
수산물검사소 수산물 품목별 원산지별 수입검사 현황, 1995~2007.
수산업법, 2008.
수산업법시행령, 2008.
수산자원보호령, 2008.
『어민신문』, 2003. 7.28.
어업의 허가 및 신고 등에 관한 규칙, 2008.
유동운, 『현대수산경제론』, 부산 : 태화출판사, 2000.
이상고 · 류정곤, 「한국형 TAC제도의 협동관리적 할당량 관리체계(QMS)에 관한 연구」, 『수산경영론집』 32(1), 한국수산경영학회, 2001, 99~123쪽.
이용수, 『연근해어업의 시장원리적 어업관리에 관한 연구』, 부경대학교 대학원 박사학위 논문, 2006.
이정삼 · 류정곤 · 김대영 · John M. Gates · 남종오, 『어업관리제도의 규제순응에 관한 비교연구』, 한국해양수산개발원, 2007.
장창익 · 이상고, 『어업관리학』, 부산 : 세종출판사, 2002.
장호영 · 조봉곤 · 고광수 · 한민숙, 「서해구 자원관리형 자망, 통발 어구어법 기술개발에 관한 연구 : 수조에서의 통발에 대한 어군의 입롱행동」, 『한국어업기술학회지』 39(1), 한국어업기술학회, 2003, 56~62쪽.
정명생 외, 「한중일 공동어업관리 연구」, 한국해양개발원, 2005.
지철근, 『시련기수산업사』, 한국수산신보사, 1998.
최성애 · 한규설, 『자주적 연안어장의 관리주체에 관한 연구』, 한국해양수산개발원, 2002.
최종화 · 차철표, 「우리나라 어업허가제도의 개선에 관한 연구」, 『해사법연구』 제13권(1), 한국해사법학회, 2001, 1~29쪽.
표희동 · 권석재, 「우리나라 연근해어선 감척사업의 정책방향에 관한 연구」, 『해양극지연구』 27권(3), 한국해양연구원, 2005, 323~333쪽.

해양수산부, 「효율적인 어업자원관리를 위한 감시 · 감독체계 구축 및 옵저버 제도 운영방안에 관한 연구」, 한국수산회 · 한국해양수산개발원, 2002.
해양수산부고시 어선안전조업규정(제2006-30호, 2006.5.26 개정).
해양수산부 연근해어선 감척사업추진현황, 2004.
해양수산부 연근해어업 구조조정사업 집행지침, 2007.
해양수산부 통계연보, 2007.

Hardin, Garrett, "The Tragedy of the Commons", *Science* 162, 1968, pp.1243~1248.
Jentoft, Svein, "Co-Management : The Way Forward", in Douglas Clyde Wilson, Jesper Raakjaer Nielsen and Poul Degnbol(eds.), *The Fisheries Co-ma-nagement Experience*, Dordrecht : Kluwer Academic Publishers, 2003.
Jeong-Yoon Choe · Yongtong Mu, "Towards a Model of Property Rights-Based Fisheries Co-Management", 『수산해양교육연구』 13(2), 한국수산해양교육학회, 2001, 212~235쪽.
Pomeroy, R. S. and R. Rivera-Guieb, *Fishery Co-Management : A Practical Handbook*, Wallingford and Cambridge : CABI Pub, 2006.

■ **제2부**

강정우, 「우리나라 연근해어업의 수익분배제의 합리화에 관한 연구」, 『인적자원관리연구』 13(1), 한국인적자원관리학회, 2006, 1~27쪽.
고준기, 「외국인 고용허가제의 문제점과 개선방향」, 비교노동법 국제학술대회 발표논문집, 한국비교노동법학회, 2006, 292~297쪽.
『국제신문』, 2003. 3.11.
근로복지공단, 「2007년도 산재고용 징수실적 분석」, 2008.
근해통발수협, 「한중 어업협정에 따른 근해 통발어업 대책」, 1999.
김영구, 「한일, 한중 어업협정의 비교」, 『외교』 제12호, 한국외교협회, 2002, 80~91쪽.

김우수, 「EEZ 설정에 따른 연근해어업의 대응방안」, 『해양산업연구소보』 7, 경상대학교 해양산업연구소, 1996, 1~7쪽.

김종헌, 『해양과 국제정치』, 부산외국대학교 출판부, 2004.

김학기, 「신해양질서 개편에 따른 한·중 간의 어업협정이 국내 수산업에 미치는 영향」, 한국해양대학교 석사학위논문, 2000.

노동부, 「고용허가제 관련자료」, 2003.

______, 「2007년도 임금구조 실태분석」, 2008.

목포해양대학 운송학부, 『해기직 매력화에 대한 연구 : 3D 직종으로 전락한 선원 직업의 시대에 따른 변화 모색』, 2003.

박병태, 「공업표준화」, 『대한기계학회지』 31(8), 대한기계학회, 1991, 695~720쪽.

박영병, 「한·중 어업협정 이후 한·중 수산업의 변화에 관한 연구」, 『수산경영론집』 38(1), 한국수산경영학회, 2007, 71~94쪽.

박용현, 「한·중 어업협정상 새로운 수역제제에 관한 연구」, 『법학연구』 22, 한국법학회, 2006, 373~393쪽.

박정석, 「어장공유와 어업규제 : 꽃게 통발어업을 중심으로」, 『민족문화논총』 39, 영남대학교 민족문화연구소, 2008, 545~577쪽.

『수산신문』, 2006. 3. 3.

안광호 외, 『마케팅』, 학현사, 2008.

연인자, 『한국서해 및 동중국해 꽃게, portunus trituberculatus(Miers)의 자원생물학적 연구』, 부경대학교 대학원 박사학위논문, 1997, 70~107쪽.

원문철, 「한중어업협정에 관한 연구」, 영남대학교 석사학위논문, 2003.

유길상 외, 『외국인 고용허가제 시행 3주년 평가 및 제도 개선방안 연구』, 한국기술교육대학·노동부, 2007.

이상철, 「한·중 어업협정」, 『법제논단』 577, 법제처, 2006, 20~42쪽.

이승욱, 「지역산업 위기에 대한 지역엘리트의 대응양식」, 『지리학논총』 46, 서울대학교 국토문제연구소, 2005, 35~63쪽.

이영진, 「한일, 한중 신어업협정에 대한 평가와 전망」, 『법학연구』 11, 충북대학교 법학연구소, 2002, 35~57쪽.

이정원, 「생산자동화의 성공 요인에 관한 연구」, 『기술혁신연구』 7(2), 기술경영경제학회, 1999, 101~118쪽.

이종근 · 임동철, 「어선선원의 근로조건 개선방안에 관한 연구」, 『수산해양교육연구』 5(1), 한국수산해양교육학회, 1993, 23~30쪽.

장용식 외, 「짓가림제 노사관계의 특징에 관한 연구」, 『문교부학술연구』, 1989, 77~141쪽.

장종익, 『한국협동조합운동의 역사와 현황』, 한국협동조합연구소, 2007.

장한용, 「공업표준화」, 『전기학회지』 30(9), 대한전기학회, 1981, 558~561쪽.

정해웅, 「한 · 중 어업협정상 과도수역의 소멸과 서해 어업질서의 변화」, 『국제법 동향과 실무』 4(2), 외교통상부 조약국, 2005, 48~53쪽.

조용훈, 「한 · 일 수산업협동조합 비교연구」, 수경원보고서, 2007.

주진우, 『한 · 중 · 일 어업협상』, 주진우의원 백서, 1999.

최정윤, 「수산업협동조합의 성립과 그 발달과정에 관한 단계적 고찰」, 『수산경영론집』 12(1), 한국수산경영학회, 1981, 31~51쪽.

『한산신문』, 2003. 3.15.

해양수산부, 『근해어선 감척제도 개선에 관한 연구』 92, 별책 8호, 2007.

황인학, 『R&D 지원 정책의 올바른 방향』, 한국경제연구원, 2007.

■ 제3부

김학기, 「신해양질서 개편에 따른 한 · 중간의 어업협정이 국내 수산업에 미치는 영향」, 한국해양대학교 해사산업대학원 석사학위논문, 2000.

김현자, 「유엔해양법협약 발전과정과 한국의 대응전략」, 부경대학교 대학원 석사학위논문, 2007.

류정곤 · John M. Gates · 남종오, 『우리나라 ITQ제도 시행을 위한 기반조성 연구』, 서울 : 한국해양수산개발원, 2004.

박경용, 「한 · 일 어업협정의 영향과 어민들의 대응전략 : 동해안 구룡포 일대를 중심으로」, 『역사민속학』 18, 한국역사민속학회, 2004, 249~284쪽.

박정석, 「어촌마을의 공유재산과 어촌계」, 『농촌사회』 11(2), 한국농촌사회학회, 2001, 159~191쪽.

박제영, 『동북아 신어업협정체제하에서의 어업협력방안에 관한 연구』, 부경대학교 대학원 박사학위논문, 2003.
서정호, 「어업공동체의 결속력 변화요인」, 『농촌사회』 12(1), 한국농촌사학회, 2002, 161~187쪽.
외교통상부 조약국 편, 『동북아 해양법령과 유엔해양법협약집』, 서울 : 일조각, 2006.
원문철, 「한・중 어업협정에 관한 연구」, 영남대학교 대학원 석사학위논문, 2003.
이용수, 『연근해어업의 시장원리적 어업관리에 관한 연구 : 붉은 대게어업의 ITQ 도입 방안을 중심으로』, 부경대학교 대학원 박사학위논문, 2006.
조정희・류정곤・이상민・안재현, 『어선감척 사업의 국제비교와 정책적 함의』, 서울 : 한국해양수산개발원, 2003.
표희동・권석재, 「우리나라 연근해어선감척 사업의 정책방향에 관한 연구」, *Ocean and Polar Research* 27(3), 한국해양연구원, 2005, 323~333쪽.
해양수산부, 『총허용허획량(TAC)제도 기본계획 및 2006년도 시행계획』, 2005.
________, 『중화인민공화국 배타적경제수역에서 대한민국 어선의 조업조건 및 입어 절차』, 2007.
________, 『2008년도 연근해어업구조조정사업 집행지침』, 2008.
________・국립수산과학원, 『마샬수역 통발어장 시험조사』, 2006.

Acheson, James M., "With Blinders and Hobbles : Management of the Maine Lobster Industry", in E. Paul Durrenberger and Thomas D. King (eds.), *State and Community in Fisheries Management*, Westport : Bergin & Garvey, 2000.
Berkes, F., D. Feeny, B. J. McCay and J. M. Acheson, "The Benefits of the Commons", *Nature* 340, 1989, pp.91~93.
Feeny, David, Fikret Berkes, Bonnie J. McCay and James M. Acheson, "The Tragedy of the Commons : Twenty-Two Years Later", *Human Ecology* 18(1), 1990, pp.1~19.
Hardin, Garrett, "The Tragedy of the Commons", *Science* 162, 1968, pp.1243~1248.
Hϕnneland, Geir, "Co-management and Communities in the Barents Sea Fisheries", *Human Organization* 58, 1999, pp.396~403.

Jentoft, Svein, Dangling Lines, *The Fisheries Crisis and the Future of Coastal Communities : The Norwegian Experience*, Newfoundland : ISER, Memorial University of Newfoundland, 1993.

McCay, Bonnie J., "Sea Changes in Fisheries Policy : Contributions from Anthropology", in E. Paul Durrenberger and Thomas D. King (eds.), *State and Community in Fisheries Management*, Westport : Bergin & Garvey, 2000.

McCay, Bonnie J. and James M. Acheson(eds.), *The Question of the Commons*, Tucson : The University of Arizona Press, 1987.

McCay, Bonnie J. and Svein Jentoft, "Market or Community Failure? Critical Perspectives on Common Property Research", *Human Organization* 57(1), 1998, pp.21~29.

Ostrom, Vincent, David Feeny and Hartmut Picht(eds.), *Rethinking Institutional Analysis and Development*, San Francisco : The International Center for Economic Growth, 1988.

Pálsson, Gísli, "From Commons to Quotas : The Formation of Icelandic Fisheries", *North Atlantic Studies* 3(2), 1993, pp.17~24.

Symes, David and Jeremy Phillipson, "Co-Governance in EU Fisheries : The Complexity and Diversity of Fishermen's Organisations in Denmark, Spain and the UK", in Jan Kooiman, Mratijn van Vliet and Svein Jentoft (eds.), *Creative Governance : Opportunities for Fisheries in Europe*, Aldershot : Ashgate, 1999.

van Vliet, Martijn and Wim Dubbink, "Evaluating Governance : State, Market and Participation Compared", in Jan Kooiman, Mratijn van Vliet and Svein Jentoft(eds.), *Creative Governance : Opportunities for Fisheries in Europe*, Aldershot : Ashgate, 1999.

Wilson, Douglas Clyde, Jesper Raakjaer Nielsen and Poul Degnbol(eds.), *The Fisheries Co-management Experience*, Dordrecht : Kluwer Academic Publishers, 2003.

■ 제4부

박정석, 「어장공유와 어업규제 : 꽃게 통발어업을 중심으로」, 『민족문화논총』 39, 영남대학교 민족문화연구소, 2008, 545~577쪽.

Acheson, James M., "Anthropology of Fishing", *Ann. Rev. Anthropology* 10, 1981, pp.275~316.

__________________, *The Lobster Gangs of Maine*, Hanover : University Press of New England, 1988.

Bjarnason, Thoroddur and Thorolfur Thorlindsson, "In Defence of a Folk Model : The "Skipper Effect" in the Icelandic Cod Fishery", *American Anthropologist* 95(2), 1993, pp.371~394.

Byron, R. F., "Skippers and Strategies : Leadership and Innovation in Shetland Fishing Crews", *Human Organization* 39(3), 1980, pp.227~232.

Durrenberger, E. Paul, "The Skipper Effect and Folk Models of the Skipper Effect among Mississippi Shrimpers", *Human Organization* 52(2), 1993, 194~202.

Durrenberger, E. Paul and Gísli Pálsson, "Riddles of Herring and Rhetorics of Success", *Jr. of American Research* 39, 1983, pp.323~335.

____________________________________, "Finding Fish : The Tactics of Icelandic Skippers", *American Ethnologist* 13, 1986, pp.213~229.

Gatewood, John B., "Cooperation, Competition, and Synergy : Information -Sharing Groups among Southeast Alaskan Salmon Seiners", *American Ethnologist* 11(2), 1984a, pp.350~360.

__________________, "Is the "Skipper Effect" Really a False Ideology?", *American Ethnologist* 11, 1984b, pp.378~379.

Hφnneland, Geir, "Fish Discourse : Russia, Norway, and the Northeast Arctic Cod", *Human Organization* 63(1), 2004, pp.68~77.

Jepson, Michael E., J. Stephen Thomas and Michael C. Robbins, "The "Skipper Effect" among Gulf Coast Shrimp Fishermen", *Sociology and Social Research* 72(1), 1987, pp.20~24.

McGoodwin, James R., *Crisis in the World's Fisheries : People, Problems, and Policies*, Stanford : Stanford University Press, 1990.

McNabb, Steven L., "A Final Comment on Measurement of the "Skipper Effect", *American Ethnologist* 12, 1985, pp.543~544.

Norr, James L. and Kathleen L. Norr, "Work Organization in Modern Fishing", *Human Organization* 37(2), 1978, pp.163~171.

Pálsson, Gísli and E. Paul Durrenberger, "To Dream of Fish : The Causes of Icelandic Skippers' Fishing Success", *Jr. of Anthropological Research* 38, 1982, pp.227~242.

____________________, "Systems of Production and Social Discourse : The Skipper Effect Revisited", *American Anthropologist* 92, 1990, pp.130~141.

Russel, Susan D. and Rani T. Alexander, "The Skipper Effect Debate : Views from a Philippine Fishery", *Journal of Anthropological Research* 52, 1996, pp.433~460.

Russell, Susan D. and Rani T. Alexander, "Measuring Seining Strategies and Fishing Success in the Philippines", *Human Organization* 57(2), 1998, pp.145~158.

Ruttan, Lore M. and Peter H. Tyedmers, "Skippers, Spotters and Seiners : Analysis of the 'Skipper Effect' in US Menhaden Purse-Seine Fisheries", *Fisheries Research* 83, 2007, pp.73~80.

Thorlindsson, Thorolfur, "The Skipper Effect in the Icelandic Herring Fishery", *Human Organization* 47(3), 1988, 199~212.

White, David R. M., "Belief in Differential Skill among U.S. Gulf of Mexico Shrimp Fishermen", *American Anthropologist* 94, 1992, pp.450~452.

찾아보기

‖ 라~바 ‖

‖ 사 ‖

‖ 아 ‖

‖ 자 ‖